解开气质密码，掌握气质的精髓所在
用气质绽放属于自己的魅力人生

女人最好的修行是气质

郁 秋 ◎ 编著

中国华侨出版社

图书在版编目(CIP)数据

女人,最好的修行是气质 / 郁秋编著. —北京:中国华侨出版社,2013.8
ISBN 978-7-5113-3872-3

Ⅰ.①女… Ⅱ.①郁… Ⅲ.①女性—气质—通俗读物 Ⅳ.①B848.1-49

中国版本图书馆 CIP 数据核字(2013)第 188383 号

●女人,最好的修行是气质

| 编　　著 / 郁　秋
| 出 版 人 / 刘凤珍
| 策划编辑 / 周耿茜
| 责任编辑 / 文　筝
| 责任校对 / 王京燕
| 装帧设计 / 玩瞳装帧
| 经　　销 / 全国新华书店
| 开　　本 / 710 毫米×1000 毫米　1/16　印张/15　字数/200 千字
| 印　　刷 / 北京紫瑞利印刷有限公司
| 版　　次 / 2013 年 9 月第 1 版　2013 年 9 月第 1 次印刷
| 书　　号 / ISBN 978-7-5113-3872-3
| 定　　价 / 29.80 元

中国华侨出版社　北京市朝阳区静安里 26 号通成达大厦 3 层　邮编:100028
法律顾问:陈鹰律师事务所
编辑部:(010)64443056　64443979
发行部:(010)64443051　传真:(010)64439708
网　　址:www.oveaschin.com
E-mail:oveaschin@sina.com

前　言

在男人的心里，他们会渴望身边有个惹眼火辣的女神，但是，这个女神却不见得会成为他们的终生伴侣。因为火辣的女神只可以远观，相比之下，他们更喜欢奥黛丽·赫本那样的淑女，举手投足间尽显高贵气质。

男人们希望自己拥有一个上得厅堂、下得厨房的伴侣，这和他们对母系依赖有着直接的关系。在他们的理解中，高贵优雅才是真正的美。世间女人千千万万，靓丽无瑕的美女又不计其数，作为一个独立的个体，你该如何打败她们呢？

你也许不是天生丽质，也没有富家千金那样的出身，但你一样可以选择优雅地生活着，你可以用优雅去装饰自己，让自己高贵地展现在别人面前。

在我们的心里，似乎优雅和高贵总是有着千丝万缕的联系，优雅的人懂得展示自己的高贵，高贵的人又能舒展自己的优雅，那这样完美的气质，该怎样积累呢？

优雅的女人都是靓丽佳人，她们能展示自己高贵迷人的风采，也能让自己显得风华绝代。可以准确地告诉你，这样的能力绝对不是一天两天就能修来的。成为一个优雅的女人，要经历一个漫长的过程。在这个过程中，它会将你的锐气全部磨平，然后逐步提升你的修养，让你脱胎换骨，成为一个精致美人。

韶华易逝，娇美的容颜会随着时间的流淌而逐渐改变，唯一不会变的是你高贵的气质和优雅的身姿。女人想要永葆青春，就要经得住时间的沉淀。聪明的女人懂得用优雅去装扮自己，让自己充满文艺气息，哪怕随意动动手指，都会和高贵沾边。

优雅是女人用一生去学习的功课，它并非是与生俱来的天资，而是经过了岁月的精雕细琢、时间的慢慢沉淀，裹上了美丽的外衣和充盈的内涵，最终铸造而成的。

优雅是智慧的象征，只有聪明的女人，才可以堪称真正的优雅。

优雅是女人最珍贵的品质，它可以用来衡量身价，也能给女人外表镀金。在它的包装下，女人成了智慧与高贵的结晶，永不褪色。

为了完成这个所谓的课程，大家必须从多方面下手，让优雅悄悄潜入心灵，成为你内在的一部分。随着对优雅理念的领悟，逐步让优雅贯穿于心，感染于身。

从现在开始修炼你的优雅课程吧，让你装扮出一个优雅的自己。

目　录

Chapter 1
注重细节，把握优雅的初衷 / 001

用表情"勾勒"优雅风情 / 001

女人的脖子是魅力的起源 / 006

用你的软声细语打动别人 / 010

饰品渲染你的品位 / 015

手提包是随身携带的时尚精灵 / 019

举手投足间精致的绽放尺度 / 023

优雅的女人应该以慢为美 / 027

设计美人的八条诱人曲线 / 030

唯美系女子修炼心得 / 034

整理好指尖的那道风景 / 038

Chapter 2
找到适合自己独特气质的风格 / 042

每个气质美女都有属于自己的优雅风格 / 042

你了解自己的风格吗 / 045

发现自己的魅力点 / 049

时尚，可以由模仿缔造 / 052

面对流行要有良好的心态 / 055

不要最好的，只要最适合自己的 / 059

身体比例才是用来衡量好身材的 / 061

学会分析自己的形体 / 065

掌握好撞色的基本理念 / 069

发型搭配，教你驾驭每一件服饰 / 072

优雅女人的私家减龄装 / 077

女人可以很保守地展露性感 / 081

Chapter 3
学会用奢华的贵族品牌来为自己加分 / 085

手腕上的精彩——Cartier（卡地亚）/ 085

带着自己的风格去穿 Chanel 套装——Chanel（香奈儿）/ 088

给自己一次 Tiffany 盛宴——Tiffany（蒂芙尼）/ 092

令人着迷的性感帝国——Gianni Versace（范思哲）/ 095

精致、奢华和简约的碰撞搭配——Louis Vuitton（路易·威登）/ 098

做一个穿 Prada 的优雅女王——Prada（普拉达）/ 103

潮流与传统的低调结合——Armani（阿玛尼）/ 106

贵族学院风，年轻跳动的优雅——Ralph Lauren（拉尔夫·劳伦）/ 110

上帝与金子的组合，华丽与高雅的释放——Dior（迪奥）/ 113

寻找鞋柜中的精灵——Christian Louboutin（克里斯提·鲁布托）/ 116

Chapter 4
优雅女人，仪态要打动别人 / 120

应对尴尬场合 / 120

在重要的人面前，可总是想打呵欠 / 124

宴席上很累该怎么办 / 128

肚子饿了该怎么优雅解决 / 132

目光，心灵的透视窗 / 136

危机来临怎么补妆最优雅 / 140

擦鼻涕也能优雅进行 / 146

牙齿不好怎么补救 / 150

唇，性感的源泉 / 153

想去洗手间，如何优雅 / 155

态度提升优雅格调 / 159

优雅女人懂得抓住机遇 / 161

Chapter 5
优雅女人也可以另类地生活 / 164

设计一个代表你自己的符号 / 164

优雅女人要学会认识自己 / 166

肢体语言，让动作雅致起来 / 170

提升高贵气质可以不用钱 / 175

装扮你的家，不做邋遢女人 / 177

会品酒的女人，更能赢得目光 / 180

女人可以优雅地变老 / 183

职业女性懂得独立 / 190

女性为什么不敢成功 / 194

优雅女人要学会给自己养老 / 197

职场女性应该有怎样的素养 / 201

Chapter 6
优雅女人该怎样去展示 / 205

优雅与年龄无关 / 205

锻炼内在，优雅悄然绽放 / 210

有修养的女人最美丽 / 211

没有信念，别人会觉得你无知 / 213

温柔的女人最有女味 / 218

值得男人憧憬的女人温文尔雅 / 221

优雅女人的人际关系有压力 / 225

Chapter 1　注重细节，把握优雅的初衷

当你今天穿了一身优雅系列的裙子，却给自己配了一个极其夸张的现代派项链；当你今天打扮得当准备去参加聚会，却在刚刚出门前就刮破了丝袜；当你给自己染了一头漂亮的金发，却发现今天居然穿了一件完全不配发色的紫色上衣……这一切的一切，都能在瞬间将你苦心建立起的优雅形象毁于一旦。

用表情"勾勒"优雅风情

表情
在适当的时候，适当的地点，做出适当的表情。

大多数女人，总是在乎自己的外表，认为拥有一个美丽的容颜，或者一身高贵的行头，就算是古代的帝王，也会为之倾倒。

但聪明的女人却对此有着不同的看法，聪明的女人认为内外兼修才能释放最完整的美丽，比起徒有其表，来得更加稳固。

一个富有底蕴的女人，说话做事都让人觉得美。她们美的不是长相，而是内在。可以说，"美"这个字有很多不同的定义，其中一个就是优雅美，它在性质上与长相无关，但本质上，却是长相的

烘托。没有它，长相再美丽的女人，也不过是万花丛中的一朵，没有实质的内涵。

在男人的心里，长相美的女人只是他们在某段路程中欣赏的一个风景。而他们真正赏识的，却是有上进心、谈吐高雅的优雅女人。

韩剧里的女主角说话时，面部表情丰富多变，却并不令人讨厌。但在现实中，如果在不恰当的场合、不恰当的时间里随意舞动肢体，做出各种表情，看起来恐怕就不那么优雅了。

名模A有一次在铜锣湾百德新街闲逛时，碰巧接了一个电话，结果，被路人批评是完全不注重形象的表现。因为A在接听电话时，表情非常丰富，有时大笑，有时皱眉，还不时做出异常惊讶的表情。

A之所以会被大家批评，是因为作为一名形象优雅的模特来说，她的表情动作与当时的场合不符。

A的朋友凯特在一家公司担任总经理秘书，凯特属于大大咧咧的性格，有事没事总会和别人开开玩笑，个人笑点比较低。

一天，总经理在开会的时候和客户开了个小玩笑，在一边的凯特听后捧腹大笑，一边笑一边还不忘用力捶桌子，这样的举动加上夸张的笑脸让总经理和客户都有些不知所措，甚至觉得，这女秘书一定是精神不好。

凯特发现总经理脸色不对后，连忙收起了笑容，然后退了出去。事后，凯特因为自己的不正常举动受到了领导的批评。

她表示，这种情况时有发生，只要一听到别人讲起某些好笑的事情，她的笑点总是提不上去。

在平时说话的时候，凯特总是做出过大的反应，让人觉得很不优雅。朋友们也经常会委婉地向她指出来，可是，这种情况还是时有发生。

和人说话，是要分场合的，同时也要注意面部表情和肢体语言是否得当。在一些特殊的场合里，比如大街上，比如严肃的宴会上，嘻嘻哈哈，或是表情过于丰富都是十分不恰当的。这个时候，作为一名有着优雅气质的女人，你必须保持平和的心态，任何表情都不要表现得太过分，否则，会让人感觉你非常失礼，甚至会给人非常夸张和虚伪的不良印象。

大多数情况，微笑是一个淑女最好的表情和姿态。当你放松自己的表情，并微微露出笑容时，你内心的气质会通过你的眼睛与嘴角的弯曲度传递给人，这样会给他人非常舒服的表情。

不过，这并不表示你时时刻刻都需要微笑。是否需要微笑通常也要看对象，分场合。当你周围没有什么人的时候，或是在一个非常严肃的会议上，如果你一直保持微笑的表情，不但自己会觉得非常不自然，别人也会感到十分别扭。

优雅的女人知道，在不同场合对表情的管控非常重要，这甚至要比穿衣打扮更加能提升自身优雅度。如果你穿着华丽的外衣，却摆着一张臭脸，那别人一定也不会希望和你靠近。

女人的优雅，在不同场合，总是能给人带来不一样的感受。

在名流舞会上，女人的表情就是优雅店铺的招牌，没有价值百万的行头，但如果你能将自己的表情管控得当，你一样也能获得别人的赏识。

参加一个严肃的仪式时，你不要夸张地展露自己的表情。如果主角不是你，你也不要发挥你的表情展示欲望，尽可能让自己低调一些。

很多人说，优雅就是淡定，淡定的女人是最美的。当你能将自己的表情管控得当时，你便可以优雅地置身于名媛界。

所以，如果你不是生在一个因为语言关系而非要做出夸张表情的国家，保持平常、轻松的姿态，放松你的面部表情，是你优雅气质的最好体现。

作为一个女人，你可以没有出众的外貌，或者资历平平，但这绝对不影响你将自己的魅力发挥到极致。

女人的光辉在于她能不能在回眸转身间吸引大家的目光，而不是靠着一张嘴吵遍天下无敌手。在外界看来，女人端庄有涵养，回眸一笑尽显媚气，这样的女人，我们称为美人。都说气质型的女子最美，作为一个淑女，肯定不会频繁笑场，就算想要开怀一笑，也一定是娇娘半掩唇，嘴角微上扬。这样的姿势，或许让自己觉得很不舒服，但至少在"观众"们的视线里，这样的姿势显示出了一个女人与生俱来的优雅气质。

对于"优雅"这个词，很多人会理解为，死板、自虐，认为死板和自虐的情况，就是所谓的优雅。但事实上，"优雅"的定义可不完全是这样。简单地说，优雅是表现在女人身上一种和谐的美，这种不能称之为"美丽"，而要称之为"魅力"。这种魅力不仅涵盖了女人容颜上的美，还囊括了女人内心品质的精华。

在艺术家的眼里，优雅女人的微笑最美。《蒙娜丽莎的微笑》让一代又一代人着迷不已，这个女子虽然没有天仙般的美貌，却用一个迷人的微笑征服了万千观众。

蒙娜丽莎的微笑被赞为最优雅的微笑，那种含齿不露、眉目淡然的样子，也被称为不食人间烟火。而越是不食人间烟火，那种"仙"感就越加强烈。优雅也随着这种独特的微笑绽放出来。女人的微笑如同初春的暖风，在不经意间，带给别人舒畅的感觉。

优雅的女人会将微笑绽放得很美丽，在任何时候，只要侧目一笑，就能引起别人的赞誉。

1. 如何利用表情来赢得优雅加分

首先，你要懂得管控自己的表情，不要让那些不符场合的表情轻易表现出来。这就要求女人兼具绝佳的管控能力，在任何场合，管控自己释放最佳表情魅力。

其次，表情加分，如果你的穿着很得体，在社交场合结识陌生人，只需要一个微笑就能搞定。

2. 什么样的表情最优雅

都说"表情自然"，如果一个女人笑起来几乎嘴巴里所有的牙齿都能被大家看清楚，那她绝对称不上优雅。

所以，优雅要从控制好自己的表情开始。在表情管控上，很多美人有着这样的烦恼，自己认为自己的表情很得当，可无意间照镜子，总会把自己吓一跳。很多女人有着这样的困扰，其实，解决的办法很简单。

我们所知道的空姐在前期训练时，是对着镜子管理表情的，练习微笑，让自己的微笑打动自己，然后再去打动别人。

也就是说，能打动自己的表情才是优雅的表情、吸引人的表情。

女人的脖子是魅力的起源

脖子

女人最优雅的地方，就是脖子。

俄罗斯有幅著名的油画，叫《马车上的夫人》。画中年轻的贵妇人双手轻握，搁置于并拢的双腿之上。她端坐着上身，脖颈骄傲地伸展着，戴着华贵的貂皮帽子的头微微抬起。整个人物显得矜持又高贵。

身着华服的女人通常都会伸展着脖子，似乎不仅仅只是画中才有的景象。当你走在大街上，如果迎面走来一个女子，身上穿着价格不菲的名牌衣服，却一味地缩着脖子驼着背，你的第一印象会是什么？你也许会想那一定是个暴发户的妻子。

这绝不会只是你一个人的看法。在西方，上流社会的女人绝对不会缩着脖子走路，更不会在坐下的时候，将背与脖子弯下。向上伸展着脖颈，挺直背部走路，永远都是象征着"优雅"的固定姿势。

如果你在面对别人的时候能昂首挺胸，毫无怯意，那你一定是一个有气质的女子，别人会为你的气质所倾倒。如果你总是低头，含胸，和陌生人说话的时候不自然地使用保护动作，这样都会让人觉得没气质。

迷人的颈部是成为高贵优雅女人所必备的资本，美丽的女人既要拥有完美的容颜，曼妙的身姿，又要拥有白皙细致的美颈——天鹅颈。而现实生活中，总会有各种各样的颈部问题，使我们的颈部无法吸引人。

凯莉是一个注重细节的女人，在任何场合中，她都能展示出自己独特的魅力。虽然凯莉的长相很精致，可她身上却有一个致命伤。

凯莉的颈部粗壮，并且皮肤黑黄，在别人看来，她的长相虽然满分，可脖子总会无形给她拉低魅力指数。

由于颈部粗壮，凯莉给人的印象总是笨拙不灵活，这种情况势必会影响凯莉的优雅形象。这种情况的产生是源于凯莉颈部血液循环不畅造成的浮肿，因而后颈部的线条变得不协调。当后颈部的脊椎负荷过重引起肌肉僵硬时，颈部就会出现不流畅的线条，让凯莉的颈部看起来没有优雅感。

由于凯莉不注重防晒，所以颈部皮肤总是又黑又黄，她总是对脸部皮肤照顾有佳，却忽略了颈部的防晒，于是，面部与颈部肤色出现严重色差造成的突兀，这会让优雅大打折扣。

岁月的纹路也会对女人的颈部造成一定的伤害，由于凯莉不注重颈部保养，她的领口位置出现了一条条深纹，老态尽显。

由于对脖子的不自信，凯莉总是低着头走路，气质也随之消失。

像凯莉遇到的这种问题，很多女人都遇到过。脖子上的皮肤非常细致，一不留神就会被外界造成伤害。对于这样的问题，女人们都有自己的解决办法，但真正立竿见影的办法，确实很少见。

凯莉在得知自己的问题后，开始重点塑造颈部线条，她试过很多办法，也买过很多辅助治疗的仪器，但效果都不是很明显。她也想昂首挺秀地穿梭于各个场合。

颈部问题会让女人不再自信，所谓女人如花，美人如玉，"美"的定义容不得一点污点，女人必须是无瑕的、美好的。

我们虽然无法阻止岁月的摧残，但却能通过努力改变所谓的危机。延缓衰老，改变气质，只要用心做，一定能挽留住美丽的容颜。

其实女人的颈部，不管是形态问题还是肤质问题，都会让我们精心打造的优雅形象逊色几分。因而，为了全面塑造优雅形象，"消灭"颈部问题刻不容缓。

我们常见的美颈方法有：

热敷伴冷敷，促进血液循环

当面部出现浮肿后，用冷热交替敷面的方法可以有效收紧肌肤，排出多余水分，这样，面部浮肿就会消失，面部肤质便会紧致。

而面对颈部问题时，我们可以"依葫芦画瓢"，此方法可照搬用来对付颈部浮肿，颈部的肌肤与面部相比更加娇嫩，颈部皮肤薄，受外界侵害的可能性大。让颈部不再粗壮所需要注意的是，热敷与冷敷各需进行五分钟左右，如有必要，可以多交替操作一两次。如果肤质问题比较严重，而且水肿反复发作，我们可以多加几次治疗。

热敷改善血液循环

用毛巾包裹小热水袋，或直接将用热水浸湿的干净毛巾置于颈前，让热水袋包裹颈部的动脉两侧，注意按压热水袋两侧，使热量均匀散发，在脸部感觉发热后再将包裹了毛巾的热水袋放在颈后，头部微微后仰，在头顶感到发热时停止。

冷敷收缩肌肤

拿出一瓶 300 毫升的瓶装水，将水放入冰箱冷藏，具体的水温以个人承受能力为准，可根据季节决定。冰冻后，取出瓶装水，先放在颈部前方上下滚动，手部稍微用力，起到挤压的作用；再将水瓶放于颈部两侧，同样上下滚动，通过挤压达到排水紧致的效果。注意，冷敷时不用敷颈部后面。

颈部肌肤是面部肌肤的延伸线，只有面部和颈部肌肤同样完美无瑕，才算得上是真正优雅完美的女人。但现实生活中，很多女性非常注重面部肌肤的保养，却忽视了对颈部的保养，其实颈部也是非常容易衰老的部分之一。颈部比面部更容易受紫外线影响而产生干燥现象，加之转动、弯曲的活动较多，很容易出现皱纹。因而，像对待面部一样，每天坚持做颈部护理是十分有必要的。

颈部问题多半是由干燥引起的，这种缺水的现象造成肤质粗糙。缺水是导致一切颈部问题的根源，因而补水是防止皱纹滋生的关键。不妨为自己选购一瓶易吸收、保湿效果出色的颈霜，颈霜比普通面霜对颈部的滋润更持久。此外，在办公室里，还可以备一瓶补水喷雾，时常喷一喷，对滋润颈部及面部肌肤都有好处。

而平时，如果经常面对电脑，也可以定期做一些颈部护理，去角质，消除颈纹。定期用颈部磨砂去角质，不仅能代谢新生成的细纹，还能改善颈部肌肤暗沉状况。

如果在防晒时未做足功课，只顾着为面部"遮阳蔽日"却忽略了颈部，时间稍长，颈部肌肤就会变得黯淡无光，与面部肌肤出现明显分界，没有打粉底也好似戴了面具一般，显然会影响形象。

迷人的颈部是让你成为高贵女人的必备资本，美丽的女人既要拥有完美的容颜，还要拥有白皙细致的美颈。

"亭亭玉立"永远都是一个最为优雅的形容词。所以，无论你是驻足于路边，还是行走在街上，脖子前倾，后仰，或是架着肩膀，都是极为不雅的姿态。此时，就算你再如何用服装和配饰来装扮自己，优雅的气质也会消失不见。

现在，你需要做的事情，就是调整你脖颈的姿态，让它达到一个最优雅的姿势。

首先，将你的肩膀自然放松，背部自然挺直，胸部挺起。然后，将你的脖子尽力向上伸展，下巴微微向内收。你可以闭上眼睛，努力想象自己是一只正待起飞的白天鹅，眼望平静的湖水，骄傲地向上伸展着脖颈和身躯，正待优雅地飞翔。

用你的软声细语打动别人

语调

女人的优雅是靠语调来传递的。

声音被称为人的第二张名片，它能反映出人自身的很多状况，如情趣、情感、年龄、身体健康状况、个人喜好等。拥有一个动人的声音是女人的又一独门秘籍。

拥有好声音的女人，往往一开口说话就能给人"如沐春风"的感觉，让人乐于倾听并获得好人缘。

声音是人们最好的第一印象，通常我们遇到一个陌生人，最先判断他的性格是通过长相，但长相不能完全表达出一个人，而我们对一个人性格的判断，38%都是通过声音形成自己的判断和理解。

如果一位相貌并不出众的女人，声音柔弱动人，这样能大大拉近她与美丽优雅之间的距离。反之，如果一位穿着华丽的贵妇，外表看起来很梦幻，但一开口全是梦话，那么，是无论如何也不会让人觉得她有多么优雅的。

声音犹如女人浑然天成的一种乐器，乐器弹奏的动听还是难听就要看自己如何把握和驾驭。其实好声音和好身材一样，都是可以修炼成的。

好声音沉淀下来，可以成为女人温柔、优雅的筹码。

女人之所以要优雅，其实根本上来说，就是为了吸引别人的目光，并且获得别人的肯定。一个优雅的女人，她可以自信地出入各种场合，并且在人群中脱颖而出。

在社交场合中，优雅的举止能增添女性的魅力值，但只有你开口说话的时候，别人才会确定你真实的形象。动听的声音配上舒缓的语气，会让人听起来觉得很舒服。

谈吐对于女人来说，不仅是表达、把信息传给他人这么简单。谈吐得当，会让女人在任何场合游刃有余地与人交往，并且因此获得别人的赞赏。谈吐不凡的女人，是优雅的、聪慧的。

所谓的谈吐不凡，到底是怎么一回事呢？

但凡说话，就一定离不开语气，语气有很多种，高兴、愤怒、赞赏、鼓励、沮丧、尊重、轻蔑等，这些语气通常会被我们运用在不同的场合和不同的情景。在听到一个令人兴奋的消息时，我们通常会表现出自己的喜悦，说起话来，语气也会随之改变。当我们刚刚遭遇到打击时，我们的语气也会随之变得沮丧。

生活中，女人扮演着不一样的社会角色，要应对形形色色的人和事物，即便不善言辞，但只要用温顺的语气开口，不温不火地将自己想说的内容表达出来，就能让别人觉得你是一个优雅淡定的女人，你的好人缘自然会随之而来。语气轻柔，能让别人感觉到所谓的舒服。

夏米大学毕业后，去了一家公司面试，想不到这却成了她最大的阴影。

都说面试看人的第一印象，当夏米坐在椅子上的时候，考官的脸上都是带着笑容的。可是，当夏米开口后，考官的脸色却迅速变了。

夏米想应聘的职位是业务经理，主要是与客户洽谈生意，这是个对专业有着超高要求的行业，考察的是专业素养。

当然，这个所谓的专业考察，夏米并不害怕，因为毕业的时候，她可是专业第一。没想到，她这个系里的风云人物，却在第一次面试的时候，栽了个大跟头。

主考官问："如果现在客户起身要离开，你该怎么做？"说完，考官起身演示，于是从夏米身边经过。

也许是因为第一次面试比较紧张，夏米竟然一把抓住了主考官的胳膊，然后结结巴巴地说："是……这样的……你……不是……您能先等一下吗？"

主考官微微一愣，然后站定，等着夏米的后半段话。

"您对我有什么不满意吗？你说出来我尽量解决。"夏米的语速很快，甚至连她自己都没听懂自己说了什么。

"没什么不满意,麻烦您用专业态度对待工作。"主考官试图提示夏米。

"我这很专业啊!"夏米忍不住辩解了一下。

作为一个经理的身份,夏米首先应该具备遇事不乱的心理素质,说话的语气也应该波澜不惊,这个职业是以德服人。如果夏米能平静地应对考官提出的问题,优雅地解答,效果也就不一样了。

语气在人与人交往时,起到了非常重要的作用。同样的一句话,用两种不同的语气说出来,所反馈给对方的效果也是截然不同的。如果能掌握好语气的分寸,并且学会驾驭自己的语气,就必须从三个方面着手学习。

①女人优雅,说话需要因人而异

语气能够影响收听方的情绪和精神状态,在语气的把控上,我们应该因人而异。如果对方正在气头上,你要用平和的语气与对方说话,而不是顺着对方的怒气用愤怒的语气回敬,那就是好语气。一旦你用同等语气回敬对方,很明显,对方的怒气就会增加。如果对方是快乐的,你用兴奋的语气回应,也是好语气。无论用什么样的语气回应,最终的结果就是让双方开心,达成基本的共识。

②地点决定语气方式

我们所说的"地点"指的是说话的场合。场合不同,要用到的语气自然也不同。如果你在社交场合经常出言不逊,说话的语气冷漠,那自然好人缘也会随之而去。在职场,不是语速快、说话多就能给人留下好印象。优雅的女人,在职场要会说,说得精,也就是说,说话有重点,语气要平和。就算陈述一件非常让人难以接受的事，也要用平和的语气，委婉地说。

③看时机说话

语气的种类很多，但是，我们有的时候却只能选择一种语气来表达自己想说的话。当自己因为某件事遭遇到了别人不善意的言语攻击，而你知道这其中一定有着什么样的误会。这个时候，你就不必再不卑不亢用柔弱的语气去讲事实。生活中很多时刻和场景转瞬即逝，只有把握好时机，再加上恰当的语气，才能为自己赢得更多的主动权和魅力。

每位女性都希望自己的声音富有吸引力，使听者感觉是一种享受。那么，我们如何能让自己的声音悦耳动听、沁人心脾呢？如果先天声音不够动人，就来靠后天的培养吧。

我们都知道，节目主持人的声音具有拨动听众每一根兴奋神经的魔力。他们是天生拥有一副好嗓音吗？其实不然。这些主持人并不一定天生就有一副好嗓子，而是经过了长时间、有目的地训练后，逐步提高了自己的音质和音色，最终让我们听到如此悦耳的声音。

训练自己在适合的时候用适合的语气，有很多办法。

开口说话前三思而后行，所谓话到舌尖留半句，紧睁眼慢开口，说之前花一点时间稍微去思量一下，然后找到合适的语气，去与人说话。

换位思考，然后全面思考，知道别人喜欢你用什么样的语气说话，才能把话说进别人的心里。

多多积累经验，说错话不要紧，只要能找到合适的语气，就肯定能成为一个优雅之人。

饰品渲染你的品位

饰品

一件美丽的饰品，能给你的装扮加分。

每一个女人的世界里，都会有一件适合自己的饰品，这件饰品能让女人变得惊艳动人、独具魅力。一件适合自己的饰品，会让人觉得赏心悦目，会让人觉得无限美好。

优雅的女人懂得细节的重要性，所以，一件精挑细选的饰品就是女人品位的证明。对于女人来说，重要的并不是服饰有多么华丽、多么价值不菲，而是服饰中有没有那么一件东西值得别人为之侧目。一个会用饰品搭配服饰的女人，能立刻让饰品起到画龙点睛的作用，把女人身上潜藏的优雅尽可能地释放出来。

说起饰品，多数人会想到戒指、手链，殊不知还有很多东西可以起到点亮全身的作用。

奥黛丽·赫本被誉为这世界上最优雅的女人之一，她的品位无可挑剔，是人们敬仰的"人间天使"。这个女人曾说过："当我戴上丝巾的时候，我从没有那样明确地感受到我是一个女人——一个美丽的女人。"

的确，优雅的女人可以没有昂贵的钻石或时装，但是，她们一定要拥有一两条符合自己气质的丝巾。丝巾犹如万花筒，点缀着女人每一寸肌肤。丝巾的柔滑质感，加上缤纷的色彩，从根本上提升了女人的优雅指数，无不显露女人的百变风情。

女人购物，应该懂得"只买对的，不买贵的"的原则进行。你穿着价值百万的衣服，可是体现不出你的气质，那这么昂贵的衣服对你来说就是一文不值。

如果你穿着几十块钱的衣服，这件衣服恰恰将你的柔情体现得淋漓尽致，那这件衣服对你的价值就可以用百万来衡量。

当然，选丝巾也是这个道理，往往越简单的东西越难挑选，因为简单的东西，我们需要考虑它的实用性，找到一个自己喜欢的，更要找到一个别人喜欢的。

我们在选择任何一件物品的时候，都要从两个角度去审视，要主观，也要站在客观的角度去看。因为毕竟我们穿衣服也好，佩戴饰品也好，都是去给别人看的，即便是你自己对自己有多么的自信，在别人眼里有气质，那才是对你的肯定。女人的优雅美有很多种，可以是大气的优雅，也可以是温婉的优雅，所以挑选丝巾也要先了解自己的风格。

大气的优雅，丝巾一定要有质感，这样搭配在身上才能让别人感觉到你的大气。另外在颜色的选择上，最好是选择一些沉稳的深色系，如果太过于花哨，会破坏整体的感觉。

温婉的优雅自然要搭配一些轻盈飘逸的丝巾，这样可以减少自身的视觉负担，在搭配上，也尽可能选择浅色系。

在一个秋意盎然的午后，敏儿独自在海边散步，宣泄城市的繁杂。这时，在她对面走来一位男士，他身材匀称，长得很英俊。

敏儿立刻对这个初次见面的男人产生了好感，这时，由于海风很大，敏儿的丝巾被风吹开，然后恰巧落在了男士的脚边。

敏儿有些激动，觉得这是上天在给自己机会。

男子微微俯下身子，然后捡起了地上的丝巾，递给敏儿。这样近距离的接触，不禁让敏儿觉得心跳加速，走近了看男子的脸，更加吸引人。

敏儿接过丝巾，由于紧张，她迅速将丝巾系在了脖子上，然后随意打了个很凌乱的结。这个举动让男子双眉微微一蹙。敏儿觉得有什么不对的地方，但还没来得及做出补救的措施，男子就已经微微点头，然后头也不回地离开了。

敏儿觉得备受打击，自己的一个小举动，难道真的会造成这么大的影响吗？另外，一条丝巾而已，会影响别人对自己的看法吗？

答案是会的！两个人的第一印象很重要，这个第一印象也会被很多问题所影响。就好像一个极其优雅的女人和一个邋遢的女人一起去见一位绅士，受欢迎的当然是那个优雅的女士。

而一个会照顾自己的女人就更加吸引人了。男人们想找的并不是一个拖油瓶，如果连自己的事情都无法自理，那男人们一定会很失望。

敏儿的举动恰恰让男人觉得她是一个不会照顾人的女人，哪怕是一个饰品，都能完整体现出一个人的性格。

美丽的饰品加上女人精心的修饰，自然能吸引大家的眼球。如果敏儿将丝巾仔细系在自己的脖子上，然后还不忘整理边角，那对方一定会觉得她很优雅。

优雅的饰品不只有丝巾一种，很多女人还喜欢戴戒指，都说戒指象征了一个女人的身价，但如果你没有鸽子蛋，你也不要气馁，如果你能找到一个做工精致、适合你手型的戒指，那你的魅力加分，绝对不会输于鸽子蛋。

当然，戒指无疑是女人手上最优雅的风景线，从古至今，戒指都是"圈定幸福"的见证物，既可以象征美好的爱情，又能精确提升女人的魅力指数。戒指能提升女人的品位，也是品位的象征。它显示出一个女人优雅的本质，即便是没有昂贵的标价，只要它适合你，都是无价之宝。

对于饰品来说，它就是来映衬女人真实品位的，饰品佩戴的至高境界，是与周围的环境、个人的气质、脸型、发型、着装等融为一体，让优雅尽可能地展现。

选择饰品的时候，要切记和自身条件搭配好。

①脸型决定饰品形状

如果在选择饰品的时候，不知道什么形状最适合自己，其实这不要紧，饰品和脸型有着千丝万缕的联系，如果女人是方脸，那千万不要选择形状怪异的大型饰品。如果是圆脸，不要选择太小的圆形饰品。

②肤色匹配饰品色彩

对于肤色与饰品来说，较深的肤色自然不能用太浅或者太花哨的饰品。因为这会让整体的色调显得不搭，会衬托得肤色更加深，而饰品也会显得土气。

③衣着就是饰品的底色

饰品的色彩和饰品的形状确定好后，最终就是与衣服进行搭配。服装如果是蓝色，那饰品也可也选择蓝色，这样搭配起来比较协调，也比较省力气。

如果衣着朴素，可也选择深色系的饰品，这能利用衣着来将饰品凸显出来，反之，如果穿得很花哨，那饰品也应该花哨一些，或者选择浅色单一的饰品来修饰服装。

手提包是随身携带的时尚精灵

手提包

手提包是挽在手边的精灵。

手袋的时尚贵气直接折射出手袋主人的高贵品位和优雅气质，不仅如此，它还是服装搭配的最佳拍档。

在所有女人的世界中，手提包是最有实用价值的饰品，它可以被誉为"内外兼修"，一个适合自己的手提包，不但要满足自己的需求，还要将自己的魅力释放到最大。手提包的外表是时尚贵气的直接体现，而内在则是便利的最佳展示。

一个适合你的手提包，应该具备很多个要素，第一个是它一定要能与你相配，第二个是，它能在很大程度上满足你的需求。

首先，适合你的手提包，应该与你身材比例完美契合。一般而言，手提包的尺寸应和你的身体成比例，当你看见一个身材瘦小的女人，提着一只超大的手提包，你一定会觉得这很滑稽、很突兀。因为她的手提包与身材相比，太重了。整体的美感就体现不出来了，造成视觉的压迫。

当你看见一个身材高大的女人，提着一只小得不行的手提包，你也一定会觉得这是对"协调"二字的极大冲击。

如果要出席一个时尚的晚宴，你肯定不能提着一个超级大的旅行包，但是，你还要将自己的随身用品全部收进去，这的确很困难。

辛尼出席一次晚宴的时候,用一个黑色超大帆布包搭配了一条晚礼服裙子,这让在场的所有宾客无不质疑她的审美。

晚宴开始后,由于气氛很热烈,很多美女妆容都花掉了,这期间,最淡定的应该就是辛尼了,只见她从容地从包里拿出一盒粉饼,然后微微一笑与同伴示意失陪一下,然后一个人走进了洗手间。

同伴们无不佩服,打量她这个包里还有什么"法宝"。打开辛尼的包后,大家无不震惊,辛尼这姑娘的准备非常充分,小到别针,大到毛球修剪器,她竟然全都带在身边。

"辛尼,你这是来参加晚宴啊,还是来过日子?"同伴敏敏忍不住嘟囔。

"当然是来参加晚宴了!不过这些东西都能用得上嘛!"辛尼自我辩解道。

"别开玩笑了好吗?像别针这样的东西,带在身边还情有可原,可是,这毛球修剪器……"敏敏看着辛尼包里的东西,忍不住摇头。怪不得她会带着这么不协调的一个包。

"你看,像你穿的这个礼服,它就很容易起球,这样的话,你难道不需要这个东西吗?"辛尼指着敏敏礼服上的一团毛球说。

"晚宴才有多长时间呀!如果我想打理毛球,在出门前就应该整理妥当,然后回家后再整理一次啊!"敏敏继续说。

"也对哦!"敏敏的话让辛尼有些词穷,她不由得闭上了嘴巴。

"晚宴的包包呢,应该在美观的同时帮你提供方便。你看,你穿着这么轻盈的丝质礼服,却配了这样一个沉重的包包,整体看来不协调不说，你的整个行动都被它牵绊住了。"敏敏拿过辛尼的包包，然后随手放在一边，指着辛尼的衣服说道。

"可是，这些东西对于我来说都很有用啊！"辛尼摆了摆手，然后将包拿回手上。

敏敏摇摇头，一脸无奈地说："是啊！但是，就像这个毛球修剪器一样，很多东西你今天晚上根本就用不上，那你带着它，会起到什么作用呢？"

辛尼不再说话，因为她觉得敏敏说得很有道理，自己的包包里面，很多东西都是用不上的，所以，这些东西如果对自己来说没有用，平白占着包里仅有的空间，那对于自己来说，就是一个负担。

我们不妨来看看每个女人的包包里面都会放些什么东西吧？

很多女人认为，自己的包里必须放防晒霜、遮阳伞，这些是对自己皮肤负责的表现，但是，这些东西有时候根本用不上，它们占着位置，却发挥不了作用。

香水、粉饼、太阳镜，这些东西可以被称为易碎品，女人们的包里装了它们，肯定会小心翼翼，而不是胡乱扔在包包的角落里。

手机、饰品，为防止不时之需，一定要随身携带。当然，还有很多女人喜欢随身带一些零食、饮料等，想把这些东西都妥帖地装进包包里面，那绝对不是一件容易的事。

现在，女人想要把自己的随身物品全部塞进包包里面，除非她有一个足够大的包包，当然，你也可以选择将包包里面的东西分类，去掉一些用不上的东西，然后减轻包包的负担。

但是，很多女人会为自己辩解，认为手提包的作用是给女人带来方便，不然，自己的手机、化妆包、笔记本、钥匙，要放在哪里呢？

出席晚宴，你仅需要拿上一个手拿包，这里面可以装上一把钥匙、一些钞票，然后再给补妆用品留出一个小的空间。至于其他你需要带的东西，像手机发卡等，你只需将它们拿在手上，或者别在衣服上的一个隐蔽位置。

其实这样做的好处是，你不仅减轻了手提包的负担，你还能减轻手上的负担。

有些女人，手提包里面装了很多东西，然后整个包都被里面的物品撑得变了形，这样的女人给人整体感觉就是很邋遢，而且，包的美感就失去了。

如果说，想用包来陪衬一个女人，那包体现出的就绝对不是能装得下多少东西那么简单。女人的包是一个充满神秘感的物品，它的存在不仅给女人带去了方便，也衬托出了女人的优雅之态。

想要把所有的物品都妥帖地放进手提包中，你需要这样做。

1. 分门别类，找出你必须带上的东西

如果你是要去海滩，那你就需要一个大包，这个包里面要装着你的泳衣、防晒霜、遮阳伞、太阳镜。去海滩，你自然不用像去上班一样穿得妥妥帖帖，所以，与你搭配的包包也应该是休闲款式，这样，你不会因为搭配不好而显得整体不伦不类。

如果你想去晚宴派对，你自然不用随身带着什么太阳镜之类的物品，你需要的仅仅是一支口红，这样，将它放进一个小的手拿包里面，你的优雅韵味就会被包包衬托出来。

2. 给包包减轻负担，将不必要的东西放在一边

有些女人觉得，自己出门就应该让自己的包包充实起来，可

是，带了好多东西，又觉得都用不上，平白浪费了包里的空间。

说起来，这几乎是所有女人都会遇到的问题。不过，这种问题的出现，就好比是女人买衣服，不知道选哪件好，只有把两件衣服全买来，然后才安心。

其实，女人要学会取舍，那些你不需要的东西，本来就不是适合你的，所以，不妨你给你的心灵留出一个空位来，这样，才能维持住你更多的安全感。

举手投足间精致的绽放尺度

举手投足

精致的女人，举手投足都能吸引目光。

手势从古至今都是一种重要的肢体语言，它可以帮助我们更好地表达讲话的含义，向听者传达思想，恰当的手势还可以提升个人形象、增添个性魅力。这里介绍几种常用的文明手势语。

"气质"这个词汇，就是女人对女人行为动作的一个表述。很多女人会觉得，只要自己的行为无伤大雅，那就是"气质"的表现。但事实上，在她们放松自己的时候，很多无意识的动作就悄然而至。

在一个名媛聚会中，温妮因为太懒散而被批评没气质，这让她有苦难言。

温妮的父亲做跨国生意，从小她便娇生惯养，吃不得一点苦，做事也很随性。像这样的聚会，温妮经常参加，由于必须端着酒杯穿梭在人群，温妮显得有些疲惫。

恰巧这个时候，周围没什么人，温妮便慵懒地俯下了腰，时不时还用手揉揉脖子，然后靠在一边闭目养神。

温妮的举动，恰恰被八卦杂志的镜头捕捉到了。几天后，她慵懒的身姿，加上一副囧到不行的表情，成为了八卦杂志的头条。

大家纷纷对她品头论足，很多人都觉得，在这样一个聚会中，她的表现实在是很没有"气质"。

温妮看到评价觉得很无辜，自己这种无伤大雅的动作、表情，竟然成了大家的笑柄。

此后，温妮有很长一段时间不敢出门，害怕再次被八卦杂志钻空子。这件事，让温妮觉得是对自己的极大侮辱，于是，她只好请了一个私人训练导师，重新教自己社交礼节。

温妮觉得，因为这么一个小动作，被大家批评，简直有些不可理喻。不过，说起来，这都是"气质"二字惹的祸。

女人就好比一个精美的艺术品，她们不仅在外貌上耀眼出众，更重要的是，她们要拥有精致的曲线。而举手投足间，那个微妙的尺度，就更容易让女人散发出阵阵韵味。

女人的姿态很重要，一颦一笑，举手投足，都是女人必备的一种修养。女人会热衷于瘦身，可是，即便她有着水蛇般的身材，没有气质，她一样也是一个平凡的女人，她称不上美丽，也并不算动人。

一个有修养的女人，在任何情况下，都能将自己的尺度绽放得当，如果你举办了一个舞会，在宾客入门时，有修养的女主人都会微微俯身，用手势引导宾客走到适合的位置。当然，这个引导动作对于我们来说是很简单的，一般我们通常会采用直臂式。

这样的动作更能体现出一个女人的优雅，你可以手指自然并拢，手掌缓缓伸直，屈肘从身前向宾客要去的方向抬起，当摆到肩的高度时停止。这样不仅不会让宾客因不知向哪里走而感到尴尬，也体现出女主人的待客之道。值得注意的是，在引导宾客时，勿用一根手指作为指向标，这是很不礼貌的动作。反之，如果你用了上面的动作，那给人的印象是非常优雅的。

对待所有来访的人员，我们在表示"请"、"请进"意思的时候，通常来说，要采用横摆式。这样的动作也很简单，以你的手肘部为轴，微微弯曲，尽量让手腕低于手肘，手心向上，或者向侧边并拢，然后从腹部同时向前、向上轻缓地抬起并往一旁摆出。与此同时，头部和上身略微向伸出手的一侧倾斜，另一只手可以自然下垂。当然，这个时候你一定要保持微笑，让来访者感受到自己得到了尊重和欢迎。如果来访的客人很多，那这样烦琐的程序你就可以省略掉了，这个时候最好的方法就是动作稍大些，采用双臂横摆式。顾名思义，双臂横摆式就是可用两臂同时进行，较横摆式来说，双臂横摆式的动作可以粗化，只要两肘微屈，上抬，向两侧摆出即可。值得注意的是，引导方向的一侧手臂应高于另一侧手臂，同时要保持自然伸直，而另一侧手臂则可弯曲一些。

如果你的手里经常会拿着一些物品，在迎接宾客时，就可用单手做简单的前摆式。动作为以肩关节为轴，手指并拢，手掌伸直，从体侧抬起，手臂微屈，摆到与腰的高度平行时，向右方摆出，动作轻微即可。在做这一系列动作的时候，你要记得面带笑容目视对方。

引导对方入座时，细节动作同样不可忽视。动作为手从一侧抬起，当与腰部平行时，向下摆去，使大小臂成一斜线。

如果你能将这一系列动作做得优雅，你的气质就会被大大提升。反之，如果你做了一个显得自己非常没修养的动作，那你的气质就会被大打折扣。

透过手势看修养

女人优雅与否，从动作上就能直接体现，很多女人喜欢用手势来表达自己的态度。当对方向你伸出手时，如果你给予回应，与之相握，就表示你向对方表示友好；反之，如果你熟视无睹或者漫不经心，这则是说明你不愿意与对方交往或合作。

如果你与别人交往，顺理成章地伸出手，手心向上，这就能表现出你对他人的尊重以及诚恳谦卑的态度；反之，则表示你只是草率应付，缺乏真诚。紧握拳头则表示你在隐忍、愤怒或是有进攻与自卫的意向。

另外，我们都知道鼓掌表示欣赏与赞扬。当别人对你讲了一个能打动你的故事，你自然地伸出双手，向对方致以掌声，那样就将你的优雅显示出来。与他人相处时，如果你向对方伸出拇指，是表示夸奖；倘若伸出小指，则是一种贬低；更甚者伸出中指，则有侮辱的意思。值得注意的是，优雅的女人切莫伸中指，否则会让你的魅力大打折扣。

对于女人的本性来说，修长的手指就是她们炫耀的资本，可是，你必须记住，用手指指点是最降低自身魅力的动作，它含有教训人的意思。如果你想给别人指路，或者和别人说另一个人的故事，你绝对不能伸出手指随意指点。优雅的女人就算在给别人指路时，也要注意这一点。正确的姿势是：以肘关节为点，手指自然并拢，掌心向上，指向目标。同样，不要去指着别人说话，要用手托起一个人的自尊。

优雅的女人应该以慢为美

慢
慢并不是坏事，不慌乱，才是优雅的姿势。

女人优雅的体态通常可以分为静态和动态两种，优雅的女人懂得以静制动，就算动起来，也要将自己的魅力展示得一览无余。

静态魅力指的是女人拥有完美的身材曲线、美丽的外貌、形体上的优势，顾名思义，就是身为雕像，也要有让人各种着迷的静态魅力。

而动态魅力指的是坐、立、行、走等仪态，就连吃饭，都可以被称为是动态魅力。

女人的魅力必须包含动态和静态两个方面，静态的美女只适合存在于画中，她们供人观赏，如果仅仅于此的话，那么女人最多只能算作是一尊曲线玲珑的雕像。所以，一个动起来的女人才是男人心目中真正的女神形象。

一般而言，完美的身材曲线可以通过后天的拼命锻炼完成，除去了身上的赘肉，紧实了自身的肌肤，保持住自己的好身材，静态美谁都可以拥有。

但是，对于动态美，我们就很难理解了。首先，提起动态美，我们多半会觉得，这是在考验自身的行动能力。坐、立、行，这三点，只要我们将"行"完美地展示出来，就一定能够获得别人的赏识。

静态美很容易修炼，可是动态美的修炼却难上加难，这种仪态的修炼需要依靠调节长期的生活习惯来完成，比如，不正确的坐姿和生活习惯，这会影响到女人的行动力，让人整天处于精神萎靡的状态。

一个真正优雅的女人，即使与人擦肩而过，她的优雅风姿也会给人留下难忘的印象，而我们所说的这种风姿，很大程度上来源于其优美的走路姿态。相对于站姿而言，走路的姿势更能显示出女人的媚态。它美丽，更有魅力。

如果这个女人走路风风火火，那即便她从你身边经过，你一定也不会为之投去欣赏的目光，你只会觉得这是一个被世俗感染颇深的女子，她的风韵全部都被那种豪迈的走路姿势所淹没。

尽管走路是一件再平常不过的事，但如果不加注意，一些坏毛病就会将你自身的魅力全部淹没。

想想看，如果走路摇摇晃晃，大步流星，即便是身着万元美服，一样显得毫无美感。优雅的走路姿势确实是女人优雅气质的一个组成部分。

金紫上大学的时候被同学冠上了"飞毛腿"的称呼，原因是金紫行动速度很快，有的时候大家还没反应过来，她已经在众目睽睽之下消失不见了。

上大学的时候，这样的快速让金紫很有优势，无论是食堂也好，教室也好，她总能抢到最好的座位。可是，毕业后，她越来越发现自己的急性子给自己带来了前所未有的压力。首先是工作中，同事们会觉得她是个爱生是非的人。她总是用最快的速度做完工作，然后闲在一边。

其次就是生活中，金紫和友人参加宴会，总是会被人称为"爷们儿一样的女人"，这让金紫很受伤，自己不就性子急了一点嘛，怎么还成了"爷们儿"呢？

总结起来，都是这个"快"惹的祸，由于工作中的急性子，金紫和同事们关系都不是特别好，有的时候，大家约定下班一起去唱K，偏偏忽略了金紫。

为了让工作更顺利，金紫只能试图改变自己的性格，这第一条就是改变走路速度，然后是语速，接着，她要和别人耐心地交流。

金紫逐渐发现，原来她所理解的魅力是错的，真正的魅力是以慢为美，只有慢下来，才能拥有优雅的气质。

走路的姿势是否优雅，这跟很多内容有着直接的关系，步子迈得大了，显得风风火火，步子迈小了，显得病病殃殃。

我们正常的走路速度，应该是介于不快不慢之间，加之动作的匀速，这会显得女人有着一种不慌不忙的平稳气质。

真正优雅的步态是指自己觉得舒服的程度，说起来，如果你穿着一条紧身裤子，你要是想迈大步，那也是不可能的。

而向身边的人打招呼，如果你抬起手，迅速挥舞一下，那你的豪放气质也就把"优雅"二字迅速冲淡了。正确的方式是，手脚要达成协调，上下速度一样。

也就是说，脚步慢，手上的动作也要慢，然后停住脚，伸手致意一下。

切记，在学习优雅的速度时，不要盲目跟风，太慢的速度会让人觉得你在走猫步，当然，你自己也会离优雅越来越远。找到你自己的风格，即便不是最慢，也能让人夸你是气质美女。

另外，女人要根据自身实际情况来变换走路速度。

如果不远处有人在焦急地等着你，这个时候你走了一趟猫步，缓慢地移身过去，一定会给别人留下不好的印象；反之，如果你将自己的紧张情绪表现出来，那对方一定会给你好评。

女人的优雅美，有着静态的娴静美，也有着动态的灵动美，优雅的走路姿势能最好地诠释女人的动态魅力。

其实，以慢为美，还表现在很多方面。当你吃西餐的时候，如果狼吞虎咽，你的个人品位和修养就会被统统击碎。

因此，一些必要的餐桌礼仪就成了你必须要注意的内容。

你要慢慢地入座，慢慢地拿起刀叉，然后慢慢地品味这优雅的情调，浪漫的气氛。慢是一种态度，虽然没有惊鸿一瞥不经意的转角吸引，却也能给人眼前一亮、精致的肯定。

设计美人的八条诱人曲线

曲线

每个女人身上都有八条诱人的曲线，它在向你展开双臂。

曲线代表着性感，不是吗？无论是一个怎样的女人，在男人的眼里，只要她有着玲珑有致的曲线，都会勾起男人阵阵幻想。

男人们会对女人们想入非非，绝对不需要经过漫长的考察，要知道，男人是个简单的动物，他们并没有女人细致的心理，但有的时候却比女人更加感性。

木木是个胖姑娘，一直以来，她都在为自己的肥胖焦虑。首先，她的身材比例不协调，整体看起来很不舒服。

其次，木木的周身根本就没有曲线，取而代之的是一条条肥胖所带来的纹路。

木木经常会被人笑，上学的时候也收到了不少外号，最让木木觉得伤感的，要数"胖丫"这个外号了。

木木经常会问："我真的很胖吗？"

朋友小萌回答她："你什么时候腰部的赘肉变成薄薄一层，全身呈现出曲线，什么时候才能算是一个瘦子！"

听了小萌的话，木木觉得自己又受到了打击，于是，心一横，开始了痛苦的减肥过程。

经过了漫长的减肥过程，木木终于有了所谓的"美人腰"，可是她发现，身体的比例还是不协调，于是，又开始了局部减肥。

木木也终于明白了，原来身体的曲线，并不仅仅只有一条！

女人的第一条曲线是脸部

脸部的曲线是直观的魅力体现，人们打眼看去，第一眼关注的永远都是这个人的长相，说起来，脸部曲线往往是最难修炼的。因为人从出生那一刻起，长相就已经注定了。除非后天加工，如果你冒着风险将自己的脸加工了，那你是获得了美丽，却失去了真实。

女人的脸部曲线，要在不断地修炼中得到升华，第一，在保护肌肤的同时，将自己的曲线调整妥当，也就是说，在不损害自身的基础上，调整曲线，可以做一些面部运动，辅助调整。

第二，在修炼脸部线条的基础上，保持肌肉的完美。这个说来简单做起来难。很多人会抱怨，自己脸部动作太大，整个肌肉都练出来了。这不要紧，适当用手去按摩，会帮助肌肉放松。

女人的第二条曲线是颈部

天鹅般美丽的颈部哪个女人不想拥有？不过能称得上完美的可不是光盯着颈部前面就行了，要让别人在前后左右，不同角度看到的你都是美的才行！找到颈部完美曲线关键，就是先把颈部完全拉起来！

修炼颈部曲线，在女人的优雅课程中显得尤为重要，首先，女人的颈部距离脸部最近，除去脸部的吸引，颈部就是全身优雅的集中体现，颈部的魅力一旦被打开，女人的优雅就会源源不断涌现出来。

长时间的坏习惯会破坏你的颈部曲线，要知道长时间伏案不动，这个过程中，你的身体会不自觉前倾，弯腰、低头，这都会牵扯颈部肌肉，让你的肌肉紧张、皮肤下垂。

要保护好自己的曲线，首先要克制住自己，别去做那些损害自身曲线的"坏"动作。

女人的第三条曲线是事业线

说起来，很多人会问，事业线究竟是什么？

其实很简单，下巴直对着胸前的那条线，也就是我们通常说的"乳沟"，这条线，象征着女人自然的魅力。

一个在宴会上敢于穿低胸礼服的女人，必然会成为焦点，所以，想吸引目光，事业线一定要完美。

女人的第四条曲线是手臂

无论是大手臂还是小手臂，能显示出纤细的，才能被称为曲线，如果赘肉累累，不用说，你们也知道，那并不是美丽。

女人的手臂就好像一对会说话的翅膀，这对翅膀的一动一静，都能代表优雅。它会随着你的开心或难过展示出一系列的动作，这些动作也是体现魅力的直观产物。

女人的第五条曲线是锁骨

事业线上，锁骨连接女人的颈部，锁骨这条线，刻度越深，女人的魅力指数就越高。

前提是，放松的时候，锁骨能突现出来，如果你含胸驼背，那只能另计。

被夸奖锁骨美的女人无疑是在这个世界上最幸运的，因为翘臀细腰都可以后天练就，唯独这方寸之间的美是浑然天成的。它是你身着一字领上装引来同性羡慕的地方，它是你的爱人落下痴心之吻的地方，它是被抹胸曳地长礼服衬托得最耀眼的地方，它的美充满灵性，让女人立刻有了一种轻盈的气质。它也最适合裸露，连着消瘦的肩头，堪称女人身上最美的一道风景线。

女人的第六条曲线是腰间

腰间美背，性感美女的魅力就在于美丽的背部线条和可爱的小蛮腰。很多女人为了练就一身完美的曲线，不得不克制自己的饮食，然后参加疯狂的塑身行动，其实臀部也好，背部也好，还有腰间，想要从这几个地方找到玲珑有致的曲线，只有通过不懈地努力，加上勤劳的训练即可达成。

虽然过程很痛苦，可是一旦练就了一身魅力曲线，你的心情绝对要比减肥期给你吃一顿肉兴奋得多。

女人的第七条曲线是腿部

拥有两条长腿，自然是人人向往的事。但是，人的身材比例大多是相同的，所谓的九头身美女，也是少之又少。腿的长短，可以用高跟鞋来修饰，腿部的线条却要你用毅力去保持。

  腿部是最容易出肌肉的部位，一旦你腿上有部分赘肉，你经过了不懈地努力，跑步运动，你的赘肉就很容易变成肌肉，一旦变成肌肉，你的腿型就会受到很严重的影响。

  所以，腿部训练也是不可忽视的一个环节。在腿部修型之前，你要做的并不是出去狂跑几天几夜，而是给你双腿一个休息期，在这个休息期中，你要尽量放松双腿，不要做任何能将赘肉变成肌肉的运动。

  首先，让你的双腿松弛下来，然后配合一些有氧运动，这能使你的运动起到事半功倍的效果。

女人的第八条曲线是脚部

  为什么说这个曲线很重要呢？那是因为女人有着最美的修身"神器"，那就是高跟鞋，穿上高跟鞋的女人，脚部就是一个完美的体现。

  如果女人的脚部纤细、白净，那穿上高跟鞋，会产生意外的美感。如果脚部看起来粗糙、暗黑，这会给女人优雅的装扮大大扣分。

唯美系女子修炼心得

修炼

女人的任何气质，都是要通过修炼得到的。

女人的优雅可以有很多不同的解释，有些女人是行为上优雅，有些女人是语言说得优雅，还有些女人是给人的感觉别样优雅。

这其中有一种女人给人的印象是别样的优雅，这类女人我们称为"唯美系"，她们的一颦一笑都能牵动着我们的视觉，看她们说话、微笑、走路，都是一种享受。

人有两种年龄，一种是岁月给人留下的痕迹，另一种是情感的年龄。一个女人如果懂得打扮自己，能让自己和年龄做斗争，那岁月给她留下的痕迹就会少之又少。如果一个女人无法掌控自己的年龄，让岁月在她的世界里留下粗糙的印记，那她的世界就将是沟壑般皱纹肆意掠过的可怕。

很多人说，30岁左右的女人才是真正的成熟，这个年龄段的女人，最能展现出优雅的定义。因为她们看得多了，心智也随之成熟了。她们都是一个个花瓶，无论放在哪里都能展示出别样的光彩。她们对待感情有着一种深不可测的睿智，她们不卑不亢，对事物有着很强的分辨能力和把握能力，让人们觉得既亲切，又温柔。和她们接触，如沐春风，这就是所谓的唯美系女子。

不过，对此，也有些人表示他们另一种看法，他们认为，唯美系与年龄无关，年龄象征了女人的阅历，可是与优雅无关，即便是20岁的女孩，也可以优雅地将魅力洒向身边的人。

所以，优雅的女人不必执着于逆转容颜上的年龄，更应该思考的是如何让自己的年龄保值。当一切尘埃落定，繁华褪去，优雅的女人不会让情感年龄随着岁月走向衰老，而是让它们锁在自己身上，这会让女人身体和心灵都变得轻盈。

对于唯美系的女人来说，她们的容颜年龄和心理年龄是相辅相成的。都说女人如花，花朵自然要时时散发香味，优雅的女人大多不喜欢太过于妖娆的气味，因为妖娆的气味总是会让她们觉得别扭，那种暗香浮动的味道，才更加适合她们的品位。

唯美系的女人，在这点上，通常会表示出自己的认同感，她们喜欢用低调来衬托自己的魅力，所以，当别人嗅到自己隐隐的香气，她们的自豪感会油然而生。

她们宛如出水芙蓉，走到哪里都会带来一缕幽香。

洛洛很向往名媛的生活，于是，她总是把自己打扮得很妖艳，然后混迹于各种各样的社交场合。

时间久了，洛洛逐渐发现，这个场合中，所有的女人几乎都失去了自身的魅力，她们活得已经没有了自己的本质，仿佛在一个面具下生存着。

于是，又是一次舞会，洛洛没有再穿那些裸露的衣服，也没有画浓重的妆。漫步舞池，她竟然成了全场的焦点，所有男人无不为之侧目。

当他们看惯了妖娆的花朵时，唯美系的女人更能吸引他们的眼球。

洛洛不再向往所谓的灯红酒绿，而是重新开始整理自己的思绪，甚至不惜丢掉了贵重的奢侈品，换上了一袭素色裙子。洛洛这才发现，自己的优雅正被淋漓尽致地展示着。

如果我们把女人比喻成水，那么优雅的女人就可以水滴石穿，她们运用自己的智慧获得爱与尊严，并且潜移默化地影响着周围。外在的美随风易逝，肤浅也耐不起寻味，而优雅的女人用丰富的内心世界和对生活的智慧，让自己永远是一棵有101种风景的花树。

这世界上没有哪个女人不想被人称为优雅，可是许多人却常苦于找不到优雅的秘诀，有时，也会抱怨缺乏应有的条件而信心不足。难道优雅真那么难吗？其实，想要做一个优雅的女人并不难，不需要很高的条件，秘诀是从身边的小处做起，没有过度的装饰，也不流于简单随便，坚持独立与自信，热情与上进。由中国红变成亮眼蓝的羽西曾言："快乐就是成功。"她说人在可以站着的时候，就一定要坚持站着，而且还要保持着漂亮的样子，这是对自己的尊重，也是对别人的尊重。

优雅的女人身上都带有唯美系女人独特的气质，不说话，那种气质都可以应运而生。优雅是一种感觉，这感觉更多的来源于丰富的内心，智慧、博爱，还有理性与感性的完美结合。

唯美系的女人会让我们感觉到动人，那是因为她们内心深处都藏着一个被优雅雕琢过的艳丽，这抹色彩艳丽不同于任何一个形容词，它根深蒂固，只要女人拥有优雅，它们就存在着。

一个拥有美丽容貌的女子未必就是我们所说的优雅女人，而一个优雅的女人就一定是"美丽"的，因为她的知识和智慧让你信任，她的细腻与关爱让你依赖。而这智慧、细腻、关爱，你会从她充满迷人女人韵味的举手投足、一颦一笑间体味。

优雅包括很多内容，一个女性对美丽独特的见解和追求，倘若一个女人整日衣冠不整，不修边幅，那她绝对称不上美丽，无论怎样也是同优雅联系不上的。所以优雅的女人，她的着装永远都是不张扬而富有格调，那感觉就像静静地聆听苏格兰风笛，清清远远而又沁人心脾。

优雅女人的气质如同竹子一般，亭亭玉立清秀脱俗，随身而带的那种高贵气质，即使是身着一袭布衣，你也会从简单朴质的外表下捕捉到这种不凡的感觉。优雅的女人要有充实的内涵和丰富的文化底蕴，这是除了外表之外的境界。

而唯美系的女子恰恰也是这样，她们气质高贵。任何从她们身边经过的人，都会马上被她们吸引。

想让自己修炼成一个唯美系女人，首先要保证自己的"美丽"是优雅的那种"美丽"，而不是徒有一身傲娇气质、没有半点内涵的花瓶。

其次，唯美系的女子，心灵也要得到净化。心灵美的女子，必然会成为唯美系的典范。

整理好指尖的那道风景

指甲

指甲是健康的象征，也是优雅与否的代表。

一双修长、细腻、白润的手，很容易给别人留下美好的印象。纤纤玉手就好像你的第二张脸，它无时无刻不提醒你，你是个美丽的女人，你的指尖有一道美丽的风景。

双手若是缺乏天长日久的精心呵护，很容易留下岁月的痕迹，因此，一个优雅的女人，绝对不能忽视了手部保养。

如果你看到一个双手脏兮兮，指甲仿佛很久没有打理了的女人，即便她穿着再怎么美丽的外衣，她和美丽也不会沾边，因为细节决定成败，手部的细节，充分体现了一个人的美丑。

如果说手指是女人的第二张脸，那么指甲无疑是这张脸上最引人注意的部分，可以说是纤纤玉手上最亮的那颗宝石。美丽的指甲犹如绽放在指尖上的花朵，能让女人的优雅风情在指尖上肆意流淌。

都说十指连心，你指尖所能触碰的任何一个东西，那种感知能力都能连接到你的大脑，随着这样的情绪，你指尖所触碰到的所有东西，都是你连通这个世界所必须的。所以，指尖的美妙，与细节有着直接的关系。

美丽的指甲和动人的脸庞一样，总能轻易俘获众人的目光。因此，优雅的女人还需要学会掌控指尖那抹色彩。

女人要对自身细节全面关注，可以说，指甲不仅是一道风景线，也是女人对自身细节重不重视的直观体现。

一个外表打扮得干干净净的女人，如果伸出手，指甲没有修剪，或者满是污垢，那不用说也知道，这个女人的魅力，完全不会从细节上体现出来。

反之，如果一个长相不出奇、打扮也稍显逊色的女人，伸出一双干净整洁的手，你一定会觉得她是个注重细节的人。

莉文最喜欢涂五颜六色的指甲油，她觉得这是自己的爱好，也是对细节的关注。

不过莉文的工作似乎并不允许她有着这样独特的兴趣爱好。莉文在机关单位上班，每天都要守着那些严于律己的规章制度，对于自己的兴趣爱好，她也只能是悄悄进行。

一天开会的时候，莉文无意抬起了手，恰巧指尖涂着大红色的指甲油，这被领导看到了。莉文偷偷看了一眼，领导的脸色很难看。

果然会议刚结束，领导就对莉文说让她去他办公室。

进了办公室后，莉文很忐忑，不停地揉捏着手指，恨不得把满手的红色指甲油都生刮下来。

"莉文啊！单位的规章制度我想你可能不记得了，不过不要紧，你去参加一次行政能力培训，很快就能记起来。"领导意味深长地说。

行政能力培训简直就是魔鬼式的训练，莉文听完表示无语。因为涂了个指甲被送去魔鬼训练，这简直就是全天下最可悲的事。懊恼地出了领导办公室后，莉文发誓再也不涂指甲了。

指甲虽然是身体上除牙齿以外第二坚硬的东西，却有着异常敏感的神经，很多人觉得指甲能展示出自己的倔强坚强，但它却不像我们想象的那样坚强。

对于指尖的风景来说，它并不一定都是被人们所认可的，就好像不同场合的穿衣风格不同一样，指甲也是挑场合的。

如果你的工作并不能让你随意地搭配彩色指甲，你就要放弃这道艳丽的风景，而是选择将指甲修剪得异常精致，让那抹素净照亮别人的内心。

对于指甲护理，大多数人的理解只是将指甲剪短，但事实上，指甲护理分为很多种。如果不能将修剪指甲的工作做到精细，那所有的工程都相当于白做了。

我们应该保持自己指甲的健康，尽可能将自己指甲的健康状况维持到最好。

保持指甲健康的第一步是保持手和指甲的湿润。

如果我们不这样做，指甲一定会因为干燥变得异常脆弱。平时应该选用诸如润肤膏、润肤液、护膜膏等渗透性好、效果持久的保湿剂。经常按摩手和指甲，促进血液循环，使用润肤膏或者护膜膏时，要按摩手和指甲一分钟，以使护肤成分渗入体内。每天晚上睡觉前，也可以按摩双手，以防止指甲干脆。

在修剪指甲的时候，我们要对指甲定期地修剪和修锉，这样有助于保持角质层的健康。对于缺乏光洁度的指甲有一个特别的护理之道：用一茶勺的蜂蜜加上少许的糖搅拌均匀，再用小刷子沾取适量涂于指甲上，反复磨擦数次，清洗后用橄榄油做按摩。新鲜的柠檬汁能够有效地去除手上沉积的色素。就柠檬自身而言，有漂白的功效，取一个柠檬榨汁，混合上适量的热水盛于一个大一点的器皿中，将双手置于其中，浸泡五分钟后。干爽后涂上少量的润肤霜。

平时，可以用隔指海绵来间隔五个手指，在您涂上指甲护理液或者指甲油的时候，避免指头相碰，污染指甲。

然后你要选择一个软毛小刷子，用来除去指甲边缘的污垢。为了保护指甲，你也可以选择在指甲上面涂上一层透明的指甲油。

在饮食方面，薄而且脆的指甲是缺乏矿物质的表现。针对这一问题的解决方法是应长期和适量地食用诸如鸡蛋、鱼、坚果类食物、豆芽、粗面粉烤的面包和鄂梨果。这些食物中含有指甲所需要的充足的蛋白质、锌、铁、生物素和维生素 B。

在涂指甲油的时候，我们最值得注意的一个问题是，千万不要在没有清洁过的指甲上涂指甲油，由于皮肤分泌的油脂物使指甲油无法均匀地附着在指甲上。在上指甲油的过程中，首先用刷子沾取指甲油从指甲盖中间位置的底部向顶端上色，然后余下的部位按照从左到右的顺序先后上色，使指甲油均匀地分布在指端。

Chapter 2 找到适合自己独特气质的风格

风格是用来衡量女人特殊气质的，任何一个女人，都有属于自己的独特风格。在女人的世界里，穿戴与自己风格不符合，就会造成视觉上的纰漏，让人觉得不伦不类，所以，找到自己独特的风格，能让你的气质更好地突现。

每个气质美女都有属于自己的优雅风格

气质

气质是女人的保护网，有气质，无论何时你都能悄悄绽放。

虽说时尚是瞬息万变的，但是很多人的穿衣风格却留在了人们的心里，梦露的白裙飞扬、赫本的小黑裙、张曼玉的复古旗袍、伊丽莎白·泰勒的艳后形象，大银幕总能为我们带来难以置信又惊艳四射的造型，成为了永远抹不去的记忆。

奥黛丽·赫本在《罗马假日》里俏丽的短发和白衬衫直到现在也都被奉为经典，提起这种俏皮风，至今也会有人争相模仿，当然，这部电影也成就了赫本这个时尚传奇。而赫本在《龙凤配》里和Givenchy的再次合作让她的时尚地位达到高峰，那条美若天仙的蝴蝶抹胸裙也成就了Givenchy这个品牌。

奥黛丽·赫本孩子气的刘海，蓬松的发髻，浓重的眉毛，上挑的"翅膀"眼线，所有的一切到现在仍然如此时尚，模仿过她的女明星不计其数。

赫本曾经说过，是你穿衣服，不是衣服穿你。这句话表现了赫本独特的风格，她的优雅，她的美丽，成为了一代美人的典范。奥黛丽高雅的最大奥秘就是她有能力将自己的特质最大限度地转变为优势，强调她的纤柔与高挑，把她的优势表现出来。她了解自己的缺点与优点，她发展了属于她自己的风格，但却从不念念不忘。她引领的风潮，前卫的风格几十年来风行不坠，历久弥新。可能她唯一的规则就是不要盲目地跟着流行走，趋之若鹜。事实上，她总是遵循着自己的趣味，坚持着自己的步调。任何衣服穿在她的身上，绝对不会显得喧宾夺主，这就是时尚界所说的"是奥黛丽穿衣服，而不是衣服穿在奥黛丽身上"，而纪梵希的卓越才华也增加了不少裨益。而当梦露扬起白色长裙裙角的那一瞬间，仿佛整个世界都已经为之定格了。这个经典的画面，成就了梦露，也成就了这条性感的白色长裙。而此后，一直到现在，梦露的白色带性感的连衣裙成为了每个女人心中的一面镜子，它象征了一个时代的性感。我们得承认，美丽的姑娘都有做梦露的权利，她们可以重复这位金发爱神的名言："美错了吗？爱也错了吗？"

而最经典的艳后，成就了伊丽莎白·泰勒。一代传奇艳后，她的长相，一颦一笑都成为了大家追逐的焦点。这部电影，不仅将泰勒的性感体现得淋漓尽致，也让泰勒成为了人们心目中优雅女人之一。如今，这位风华绝代美人的故事已落幕，但她曾经引领的时尚却一直留在了这里，无论是她对于珠宝的挚爱，还是她对于服装上的特殊嗜好，手袋的选择都给了各大奢侈品牌无数灵感，让我们历数一下伊丽莎白·泰勒式的时尚风格来向这位世界头号美人致敬。

伊丽莎白·泰勒在 20 世纪 50 年代曾经拍过一部洗发水广告，广告上的泰勒画着风靡一时的妆容明艳动人，复古卷发加上浓眉红唇和现在的复古妆容如出一辙。

巴黎美爵 MATZO PARIS 以伊丽莎白·泰勒饰演的埃及艳后为灵感来源设计的手拿包也正是设计师、制包师密切合作孕育出的经典设计。它独有的编织技术是获联合国非物质文化保护的专利技术，特殊的材质加上独特外型设计无不展示创造的无限可能性，演绎出了每个人心目中的伊丽莎白·泰勒式的"埃及艳后"。手袋所用的材料从世界各地搜集而来，再以人手制成，彰显巴黎美爵 MATZO PARIS 超凡的艺术才华和高超想象力。它仿佛在诉说着几个世纪之前的那段传奇故事，又仿佛在轻轻吟唱对于这位绝世美人的爱恋情怀。

提起《卡萨布兰卡》，我们就不得不说一下这部经典影片中成就的英格丽·鲍曼，这部谍战片让这位柔美的女星看起来异常惊艳。而她的穿衣风格，也成了人们追捧的其中之一。

电影《黑天鹅》轰动一时，相信这件白色的羽毛芭蕾舞裙一定让大家印象深刻。这样的配饰，这样的纯静感觉，成为新娘争相模仿的对象。这样的风格，也见证了一个时代的优雅。

王家卫的《花样年年》将中国女人的优雅带向了世界，作品中的张曼玉实在太迷人了，上盘的发髻，轻启的朱唇，欲说还休的眼神，十分适合演绎那个年代下两个斯文人的美丽爱情故事。电影让人心碎，但是现实生活中张曼玉剧中的妆容绝对能让你赢得更多青睐。有影评人对张曼玉魅力的评价是一种漫不经心的优雅，这如同一幅绝世名画，在岁月里静静沉淀自己。

落落大方的张曼玉是熟女的完美典范，她出席公共场合时展露从容、优雅姿态，让各个年龄层的女人心生向往。人们说，能在这个时代找到一个具有古典气质的女人太难了，而那些简单的色彩，放在张曼玉身上总能带出一丝充满魅力的韵味。

做女人，无须过于外放地打扮妆点，张曼玉那种掩饰不住的光芒，让人为之侧目，这绝对不是靠化妆、打扮营造出来的，而是她自身就带的味道。

她并不会盲目跟随流行，她了解自身的优势，很有品位，加之一些能起到画龙点睛作用的饰品配件，就会有不同的味道，她创造出了属于自己的风格，就算一件素色衣服，再怎么平凡无奇，穿在她身上也会开始缤纷跳跃起来。

你了解自己的风格吗

风格
风格能诠释女人的优雅。

想必所有人都有过这样的体验，"虽然买回了喜爱的衣服，但却穿不出自己憧憬的感觉"，你也许会质疑自己的眼光，或者觉得自己买错了，觉得这件东西并没有那么高的价值。

其实，这都是你不了解自己风格的表现，在买东西的时候不要觉得自己买错了，你要用一种欣赏的眼光去打量它，因为衣服就好像是一个陌生人，你必须通过长时间地观察、交往，才能与那件衣服产生亲近的感觉，说不定半年或一年后就可以穿出感觉了，慢慢地与它建立起和谐的关系。这不仅是对服装和饰物，而是对一切事物而言的。

如果你不了解自己的喜好风格，那再怎么选择，你也不会选择到你喜欢的衣服。钢琴家即使多么有才华，如果每天不练习的话，也不能弹奏出优美的音乐。时尚也是同样的道理，每天的努力和经验的积累是很重要的。如果你不了解自己的喜好，换季的时候，要从衣柜中把适合季节的所有服装一件一件尝试，就像自己的形象设计师一样，特别要注意肩宽和衣服的长度。在镜子前试穿，要特别留心服装的搭配和整体的平衡感。

每个女人都希望自己看起来优雅、自信，将自己最美好的一面展现给大家。但是，很多时候，女人们面对着一堆衣服就又都开始犹豫了："究竟我应该穿成什么样才好呢？"

这就是你对自己不了解的体现，你如果了解自己，每次出门的时候应该在意的是，今天的衣服是不是能将自己的优雅风格更好地体现出来。

一个阳光灿烂的午后，妮可将自己的衣服全都拿出来，在阳光下仔细挑选，妮可的衣柜收藏了各种各样的衣服，但她却觉得，这些衣服并不适合自己。

首先说前几天她从国外带回的礼服，看着非常好看，可是穿在身上，气质全无。

接着就是一条丝质长裙，都说每个女人都要有一条长裙，因为这能将自己的魅力发挥到极致，可是，虽然妮可有了长裙，偏偏穿在身上就显得自己肤色很暗沉。

去年秋天的时候，国内大肆流行小香风的外套，做工精致的外套让妮可也忍不住收藏了两件。

但是，妮可属于那种运动型女生，这样淑女的装扮，还是不适合她。

妮可突然发现找不到一个适合自己的风格了，即便衣橱里面塞满了各式各样的衣服，她也没办法将自己的风格表现出来。

找了好久，妮可终于找到了一套适合自己的休闲服装，穿上后，妮可显得异常清新。妮可发现，原来休闲风格的衣服也能穿出适合自己的感觉。

如果你了解自己的风格，你会知道，在此时此刻，什么样的装扮最适合你。你要学会尝试新的发型，穿上当下最时髦的衬衫，这些当然对于树立你自己的风格有着一定的效果，不过，这无非都是"万里长征"的第一步而已。盲目地跟随潮流的人，都是那些不知道自己要什么的时尚盲从者，或者，即使清楚地知道自己要什么，也不知道应该如何去表达这些追求。

在选择商品的时候，我们总会问一些问题，比如，怎样才能最快、最简单地找到最适合我的东西。

之所以我们会纠结在这样一个问题上，是因为我们自己无法给自己一个靠谱的答案。我们和自己相识了几十年，却没有真正地了解自己。

而我们所给出的答案，通常也都是一样的，那就是，找到一个你的时尚范本。

虽然听上去，时尚的范本好像是在窃取别人的风格一样，模仿时尚范本和找到自我风格在字面上略有冲突，但的确这才是最好、最有效的方法，用这个方法来帮助你发现你最需要什么、最适合什么。

在找自己风格的时候，必然会经历一些失败的风格，我们知道，无论哪个学科，学习的最好方法都是模仿那些大师们。例如，如果你想要知道如何健身，自然是跟着本身身材就很好的健身教练，会让你更放心，而不是那些看起来跟你差不多的人。通过不断地观察他的训练和模仿他的训练，你才可以找到一个非常适合你的方法。一旦你学到了最终的精华，和根本的技巧原则，你就可以自己来根据这些原理得到你自己想要得到的东西了。

说起来，美丽的容颜、入时的服饰、精心的"妆"扮，能给人以炫目的美感，但这种外在美毕竟短暂浅显，如天上的云、地上的花，转眼即逝，总有凋零之时。而气质则逐日增辉，即使容颜褪尽，它仍会风韵犹存。这才是一个人的真正魅力。

气质可以通过人的风度、性格、智慧等表现出来。气质从风度美中渗透出来，可以给人一种独特感；气质从性格美中渗透出来，可以给人一种刚柔感；气质从智慧中渗透出来，则给人一种睿智感。

气质是个人素质，又是复杂的混合物。构成气质的，有与生俱来的容貌、体质，更有后天的文化素养、审美情趣、价值观念和心理机制等。

当然，我们知道，每一个女人都喜爱时装，穿在她们身上的每一件衣服都显得那么得体且韵味无穷。但很少有女人能将自己的风格发扬出来，她们的着装看起来就觉得是名贵之物，当她们告诉你有些衣服的真实价格时，你一定会大吃一惊，难以置信。这些衣服都是她们一件件精心淘来的：有的是在换季时用很少的钱买到的平时不敢问津的好衣服；有的是一大堆的便宜货里的精品，由于无人赏识（有的人不会在便宜货中买衣服，爱买便宜货的人又没有独特的审美眼光），只好让她们捡个大便宜，穿出去又是一片羡慕的目光；有的是新旧搭配、颜色搭配的学问，这里能看出女人穿衣的应变能力。

其实，无论衣服的价值如何，最终的结果只要适合自己的风格，拥有独特的魅力，就一定能获得别人的赞赏。

发现自己的魅力点

魅力

魅力是吸引人至关重要的法宝，有魅力的女人，连静态都很美。

如果问什么女人更能让别人侧目，我们必须要承认，一个睿智的女人、懂得处世的女人，更能让别人侧目。睿智的女性需要自我觉察，你有没有问过自己"我是谁"，实际上也就是我的风格是什么、我的独一无二的部分是什么、我有什么。女性应该知道自己的优势，而不是只知道包包是什么品牌，了解自己的特点和优点，在新一年发掘尚未被人发现的优点。

女人们都有各种奇怪的爱好，很多爱好能衍生为自己的魅力点，很多女性把血拼当解压法宝，她们在消费的观念下很宠自己。宠自己和喜欢自己是两码事，婚姻情感咨询师指出，其实很多宠爱的背后是不喜欢自己！很多女性热衷购买大量的东西，这些行为的背后是这些过分喜爱购物的女性往往觉得自己不够好，她们不是因为真的爱自己和接纳自己，才去买很多东西，而是希望通过这些商品把自己乔装打扮成另一个人。其实血拼后所带来的满足非常短暂，只有穿上新衣服照镜子的当下，或者是刚购物完的那一两天。如果你对自己的心理意向不改变的话，很快你会再去买新的东西，继续填补内心的空洞。

一次去巴黎的飞机上，一个小伙子主动和怀恩搭讪。对方开篇很简单，说觉得怀恩是一个有魅力的女孩。

听了对方的话，怀恩有些发蒙。魅力？她自己都不清楚自己的魅力是什么。

于是，怀恩一脸笑容地说："不好意思，先生，请问我有什么吸引您的地方呢？"

对方回答："您还不清楚自己的魅力吗？从你上飞机那一刻我就在关注你，我发现你是一个很有魅力的女孩，你的谈吐很优雅，穿衣风格也很时尚。"

男子说完，怀恩看了看自己的衣服，虽然不是什么值钱的品牌，但是经过了怀恩自己的改造，衣服确实显得异常惊艳。

怀恩朝男子微笑了一下，看来这就是她的魅力点吧！

很多时候，一些女性对于自己明显的优点或者经常被别人夸的优点，都认为这是自己的魅力之处，但很多事情她们做得很好。当你赞叹她的时候，她会说："这对我来说很自然。"她们并不觉得这有什么了不起。所以，请发掘之前你都没被人看到的优点。这种发掘就是对自己的重视。这些优势是你之前没注意到的。

女人的魅力源于将自己当作一个可以欣赏的花瓶，很多人喜欢通过获取东西为自我增值，但我们相信人本身有自己的价值。关键是，你是不是抱着欣赏的眼光去看。很少有女性会像欣赏艺术品那样欣赏自己，她们看到的往往是自己身上的缺点。女人爱自己应该首先把自己摆在一个瓷器的位置上，而不是简单地把自己当成一个符号性的工具，期待把自己变成杂志封面的美女。

女人就算拥有最完美的魅力值，自我提升可以分事业上的、职场上的、情感方面的三方面。最重要的是怎么处理和自己的关系，怎么更喜欢自己、更接纳自己。

女人想去吸引别人，首先要吸引自己，让自己的魅力点更加契合。一个真正了解自己的女人，即使不说话，别人也能从她的言行举止上，找到一个魅力点。我们每天都在扮演着不同的角色，这些角色让我们称为一个神秘的女人，随着时间的流淌，我们甚至不知道，自己的神秘中，到底隐藏着怎样的韵味。

一个接纳自己的人对自己的状况很欢喜，欢喜不是满足，一个欢喜的人不一定不要求更好，但是不会让更好成为现在的敌人。现在的女性追求更好，但更好让现在成为不被认可的状态，所以她永远都不够好。

女性成长不应以自卑驱动。人都希望更好，但是也要接纳现在，接纳 60 分、70 分的现状。接纳了，才能更努力。每个人都会有优点和缺点，但是你接纳了自己，那么你为人处世的原则就是：接受现实仍怀抱希望。

很多现代女性总是讲：我应该、我必须、我一定……婚姻情感咨询师认为这些词汇都是反人性的。生命是柔软的、非理性的、有弹性的，而应该、必须、一定都是僵化的、是人造的，从某种角度违反人的弹性。一个从容有魅力的人通常会说：我愿意、我希望、我需要。他们是自己掌控生活的，源自于内化的。讲我应该、必须、一定的人，通常这个必须和应该的指令总是来自外在：小时候成长时期父母的要求、社会环境的教化、长大后领导的要求、工作的竞争，这样的人很难接纳自己，因为他总是在应该的状态，他用应该的时候往往是用理性来抵抗柔软和感性的时候，这种人很难完全接纳自己。因为他们对自己总是有不能被接纳的部分，但是往往那部分是最有活力的、最接近生命动力的，就是我需要、我想、我要的。

把成长定义为成功，这个时候你就不会失败。因为你从失败中学到的也会帮助你成长。如果女性一辈子把修为、魅力的修炼作为功课，那她就一直在成功。哪怕经历最坏的事情，也意味着从中学会最好的经验。这样没有绝对失败。每种事件、每个挫折、每个失败都意味着心智的成长，这是一个自我修为的过程。

时尚，可以由模仿缔造

模仿

流行是通过模仿渲染的，想跟随时尚的脚步，就要学会模仿。

对于"时尚"这个词，顾名思义应该就是"时代的风尚"。时尚是千百年来人们追崇的流行，也是大众达成共识的标准。时尚，拒绝平庸；时尚，拒绝一成不变。因此它不是凝固的，它不能永恒。时尚，是跳动的生命，是精神的欲望，是意识思潮的蔓延与扩张，总在有意无意间触动你的心弦。

时尚的本质也是一种很玄的东西，它可以定位在人的身上，也可以定位在生活中，不要刻意领先时尚，时尚为你的心情而生。而之所以我们说时尚很玄妙，是因为时尚的定义很远，但并非遥不可及。聪明人是不会去领先时尚的，他们大多会去把握并创造时尚。时尚是一种很模糊的东西。没有人能够真正说清什么是时尚，变幻莫测正是她的脾气。时尚犹如一把尺子，最能丈量出女人靠近美的距离。人的身材之外，心灵、精神等更显得重要，将它转化到衣食住行方面，那必然会带来令人耳目一新的感觉，展现个人生活最真实、最淳朴自然的一面：最真实的笑脸，最放松的姿态，最亲切自然的着装。

多数人在思考时尚的定义时，总会将它与自身的性格喜好结合起来，塑造一种性格，养成一种习惯；养成一种习惯，收获一种命运。性格能使我们的人生绚烂辉煌。人的秉性各异，就像自然界的万物生灵一样，有狮、虎的勇猛善战，也有鹿、羊的乖巧温驯。女人的性格也是一样的，有的温柔贤淑，也有的刚烈耿直；有的内向含蓄，有的却热情奔放……

但是，对于时尚来说有一点是毫无疑义的，即任何一个女人想要有所成就，都必须学会驾驭自己的性格，并且在不断地努力中发挥不同性格的长处，扬长避短。从某种角度来说，驾驭了性格，就成功驾驭了命运。哲人说，性格决定命运。你是什么样的性格，你就会收获什么样的命运！你拥有什么样的性格，就能收获什么样的时尚。

当然，我们也经常会看到一些女人，周身堆满了各式各样的名牌，满身挂金戴银，但怎么都没有魅力的味道。这是因为，如果人的素养低了，审美能力和品位也就低了。魅力这种神秘的东西缺了根茎，自然是见不到踪影。

如果你觉得穿金戴银的女人才是时尚，那你可能对时尚的理解还不是很透彻。时尚与价值无关，但是你想要和时尚沾边，却必须在时尚的区域中，学会模仿。

问起时尚之都是哪里，大概大家会不约而同地说法国。法国是一个浪漫的国度，很多人会为了追寻时尚的脚步独自带着相机走过法国的街道，法国的女人最会把古典美融入到自己的内心，把时尚美穿在身上。因此最美丽的女人也是法国的女人。这也就是为什么法国女人比其他国家的女人有魅力和情调，法国的香水比其他国家的香水更好、更有名气的原由了。

相信大家也知道，巴黎是世界的时尚中心，也是时装中心，那些大师们的艺术风格也引导着世界时装潮流。

当然，由于时尚的影响，不少明星大腕也都纷纷做空中飞人，飞去法国看一看最近的时尚焦点。如今时装表演在世界上几乎每天都有，在"T"型台上，各种时装都有，有春装，有夏装，有秋装，有冬装。这其中有披风，有泳装，甚至还有内衣。春装含苞欲放而娇嫩美；夏装活泼而奔放美；秋装气爽而成熟美；冬装充满温馨而含蓄美；披风潇洒无比，气度非凡；内衣尽现人体之美；而泳装则尽现运动之美。

不过，说起时装，或许有人看不懂，那并不是因为你不懂时尚，而是因为那种太夸张，要么是根本就找不到美。有人总是另类、标新立异，就是为了吸引人们的注意。

有些人的衣角制造得老高，有些人的袖子显得就特别大，有些颜色特别的刺眼。这些元素形成了时尚的一个脚本，其实去看时装和看中国的书法一样，不能总是看到某一点，衣角高高的，但你仔细瞧过没有，是不是在某些地方设计师通过巧妙的处理让你看了反而不觉得高。就如身材略胖的人，要是穿上较宽松的衣服，总比穿上紧身衣服好看得多，毕竟宽松的衣服还给你的身体留了一些空间。就像苹果和柚子一样，苹果无论你怎么看还是像个球一样；而柚子就不同，它外表是大，但里面是大是小，就不知道了，给人一种含蓄美。再说时装的颜色，有的颜色太过火了，是不是有的颜色又灰暗，刚好达到平衡。同样的道理，皮肤不怎么白的人，要是穿上黑颜色的衣服，比起穿白颜色的衣服自然白一些。因此时装无论怎么夸张，只要对一对，也就见怪不怪的了。

继续还是来说法国的女人美丽的原因吧！其实法国女人除了会穿时尚衣服之外，她们也懂得装饰自己。她们成天像是生活在花的海洋中一样，想一想花堆里长出的女人能不美吗？各式各样的服饰、首饰也就令全世界的女人都向往了。

想追寻时尚的脚步，不如就去做一次自己，带着自己的憧憬学习一下别人的时尚风格。

面对流行要有良好的心态

流行

爱美之心人人有，但要正视流行的概念。

如果这个世界上没有女性，就绝对不会有爱美之心，当然，这个世界将不可想象。毫不夸张地说，女性美的历程，就是人类文明发展的进程；是女性追求自由、独立、绽放精彩自我的结果。在时装、内衣、电影、化妆品的装点之下，那些独具魅力、灿若星辰的女性再次跃然纸上，带来了令人窒息的美的极致。但是，相形之下，从那些朝气蓬勃的普通女性身上散溢出来的对"美"不屈不挠的追求，更令人赏心悦目。她们一起温暖了这个世界。

面对"流行"，我们需要客观地分析，须知流行的不见得就是最好的，流行的不一定是适合的；面对"流行"，我们不能盲目跟从，失去自我，失去方向。

其实，流行是一种普遍的社会心理现象，每个人都渴望追逐到流行的脚步，认为流行和面子挂钩，跟得上流行，才赚得到面子。其实，这也是指社会上新近出现的或某权威性人物倡导的事物、观念、行为方式等被人们接受、采用，进而迅速推广直至消失的过程，又称时尚。流行涉及到社会生活各个领域，包括衣饰、音乐、美术、娱乐、建筑、语言等。

如果我们认定流行只是一个形象的动名词，它结合的内容仅仅是心口相传，它表现的是文化与习惯的传播。那流行这个词，一样会有人追捧，顾名思义这就是所谓的"流行"都是有源头的。比如一些尚未被主流社会和大众普遍接受的新兴事物，经过了某些特殊的途径引起了某些阶层、团体、族群或者有影响力的个人的注意，后来绝大多数的人开始关注它、使用它、了解它，所以流行是一个很广义的词，它可以改变我们的生活习惯。人类的文明与文化就是出现——流行——发展——普及的过程。

对于流行来说，我们可以将这个世界的人分为两种：一种是带动和改变流行的人；另一种是在后面永远吃灰的。

带动流行的人每天都在改变着流行，而那些追逐流行的人，每天都跟在流行的身后，试图寻找一个适合自己的流行前线。多数所谓追逐流行的人，认为流行是时装、时髦、消费文化、休闲文化、奢侈文化、物质文化、流行生活方式、流行品位、都市文化、次文化、大众文化以及群众文化等概念所组成的一个内容丰富、成分复杂的总概念。这个总概念所表示的是按一定节奏，以一定周期，在一定地区或全球范围内，在不同层次、阶层和阶级的人口中广泛传播起来的文化。

说起来，对于流行的心理动机，我们可以简洁地说，炫耀。当然，爱美之心人人有之，为了巩固自己的魅力地位，人们开始寻找自己的风格，同时制造属于自己的流行。具体表现为：要求提高自己的社会地位；获得异性的注目与关心；显示自己的独特性以减轻社会压力；寻求新事物的刺激，以及自我防御等。流行的社会因素是：①对新技术、新思想宽容并予以鼓励与尊重的社会环境。②传播媒介的发达、商业网络的健全及权威人士的参与，能扩大流行范围并加快传播速度。喜欢华丽的人，对流行更敏感；虚荣心、好胜心强的人，易追求时尚。流行的实现能给参加者一种刺激，此种刺激可以满足他们的某些心理需要。

当然，任何事情都存在两面性，流行也是一样，流行有积极和消极两方面的作用。其积极的方面是：可以满足人们的需要，消除抑郁、焦虑，维持心理平衡；可促进社会不断出现新事物、新观念，从而促进社会进步，使社会保持良好秩序和活力。但对消极的方面，应加以积极引导，使之健康发展。

如果认为追逐流行就能管控优雅，那绝对是大错特错，大多数人知道流行和时尚的区别，也知道这是完全没有关系的两回事，但不知道差别。只能说流行是大众化的，而时尚相对而言是比较小众化的，是前卫的。流行的意义很简单，一种事物从小众化渐渐变得大众化，这就是流行。而时尚不仅是形容事物，往往是形容一个人的整体穿着、言行、心态等。时尚是结合流行的元素和小细节，经过拼凑和搭配，穿出自己的个性、自己的品位。又例如流行喝酒不代表喝酒时尚，流行骑自行车不代表骑自行车时尚，时尚比流行来得前卫得多。

很多美丽优雅的女人都说过类似的话，那就是美丽不代表盲目跟从，即便跟上了流行的脚步，不适合自己的，也一样是不适合自己的。

拥有自己的装扮风格很重要，它甚至超过了流行的本质，就算你不断追求复古，只要你的华丽够引人侧目，你都是一个美丽的女人。

当然，追逐流行也没什么不好，毕竟那些新款式的衣服或者发型，能得到大家的认可，只是，你要知道，在你追逐流行的时候，要看清这个东西是否适合你。

流行不都是好的，有些流行只是人盲目追捧的一个目标，它并不适合所有人。而多数人则是为了凑热闹，去盲目跟随别人的目标。其实流行与否不重要，重要的是，你能否跟上流行的脚步，并且在这基础上创新，找到适合自己的风格。

不要最好的，只要最适合自己的

最好

最好的东西不见得适合你，找适合的东西，拒绝最好。

任何一个女人都有自己所追寻的风格，她们试图从自己的风格中找到一个符合大众审美的魅力点。但是，这个点不是最贵，而是最适合。

最好的不见得是最适合你的，那些价值低廉的衣服也不都是最差的。如果你仅仅找到了适合自己服饰的颜色，那还是不够的。品位在于细节，我们还要了解自己的款式风格。我们都知道颜色与我们与生俱来的肤色、瞳孔色、发色、唇色有关，那么款式风格呢？款式风格是我们的轮廓、量感、身体的比例、性格等决定的。找对颜色就漂亮，找对款式就时尚，我们要如何找到适合我们的款式风格呢？款式分为八大款式风格：戏剧型、自然型、古典型、前卫少年型、前卫型、前卫少女型、优雅型、浪漫型。让我们一起来找找自己的类型！

很多优雅的女人对色彩艳丽的服装充满批判，认为这有损优雅的定义。戏剧型人脸部轮廓线条分明、存在感强、五官夸张而立体，身材看起来比实际身高显高。标准戏剧型女士整体总给人以夸张大气的印象，存在感强，性格大胆、极端，有个性，与人较有距离感。

这种人适合穿包身、性感的衣服，曲线的鞋，夸张的饰品，夸张的青果领、大褶皱的连衣裙，中间收腰、下摆很宽的上衣；枪驳衣领、大尖领、方领、双排扣；适合有光泽感的面料，各种呢料、丝绒、皮革和闪光面料，软硬适宜，避免尼龙布料。

回避小孩化、小家子气的风格，切记要突出个性，拒绝平庸。

优雅型风格又称为小家碧玉型风格、温柔型风格。

这类人脸部轮廓柔美、圆滑、五官精致、有曲线，脸部量感较轻盈，身材圆润、曲线型、走起路来很优雅，给人以小家碧玉的感觉。优雅型女士，无论身材和面庞曲线，都给人女人味的印象，因此，柔软的布料和曲线裁剪的服装都很适合她们。

她们适合穿曲线剪裁的衣服，轻柔而流畅的款式最能表现她们优雅的气质，不强调垫肩，腰部和臀围要收得很合体，连衣裙是最佳的选择。

自然型风格又称运动型风格、随意型风格。

无论在职场，还是在日常生活中，总会看到这样一类女性，她们给人以潇洒、活力、健康的印象，这类女性往往神态亲切，直线的身材颇有运动感，性格随和大方，在不刻意的修饰中表现着洒脱的魅力。

她们适合穿宽松的、不需要太多装饰感的服装，中性打扮，自然型人打扮需要有品位，一般不用化妆；回避华丽、可爱，突出自然、休闲。

前卫少女型风格又称为可爱型风格、甜美型风格。

我们身边总会出现一些看起来比实际年龄年轻的女性，当她们穿上成熟的服装后，往往会出现与自身个性不符的情况，这是因为她们甜美的面部及可爱的身材造成的。只有那些轻盈柔美的少女服饰，才能把她们甜美可爱的魅力表现出来，她们属于前卫少女型。

她们的服装款式追求圆润感，在平常的款式上加入甜美可爱的因素，穿裙子比穿裤子漂亮。

浪漫型风格又称为华丽型风格、性感型风格。

这类人五官甜美、女人味十足、眼神妩媚、身材圆润，适合华丽高贵的女性化服饰，给人大气、夸张的感觉。

她们适合穿做工华美的服装，宜选择华丽、光泽感强、细腻的面料，曲线感强、夸张的女性化图案；华丽、醒目、夸张的饰物；宜选择较为饱和、华丽但不过于深暗的色彩；适合类似色彩搭配。强调腰部和臀部曲线，贴身而合体才能尽现浪漫型人的妩媚性感，在所有场合穿衣服的度都可以略夸张。

古典型风格又称为传统型风格、保守型风格。

一丝不苟的古典型女士，往往五官端庄、面容高贵，有一种都市成熟职业女性的味道，她们需要选择一些精致而正统的服饰来衬托自己。

这类人的服装整体应遵守严谨端庄的风格，适合做工精良、剪裁合体的套装，直线剪裁，服装剪裁要简洁大方，忌夸张，越简单的款式越好，适合穿职业装，用丝巾做套装领部的点缀。

身体比例才是用来衡量好身材的

身材

女人的身材要精致，就必须了解好身材的视觉效果。

事实上，这世界上的每个女孩子都向往能拥有完美的模特身材，但事实上，在对模特的身材要求上，不同类型的模特对身材的要求不尽相同。

最近网上流行一个帖子，帖子的内容是说，一个技术型人才，将所有美女的照片都做了一下技术还原，结果那些女神级别的女人，恢复了真实的面貌，让众位看客大失所望。

女神们无一例外将自己身材的比例调整了，美腿、细腰，看起来顺眼很多。但是，这样的身材比例，并不是所有人都能拥有的。

女人宛如一件件晶莹剔透的艺术品，她们的魅力并不仅仅反映在外表上，更重要的是拥有优美动人的体态。当我们将视线停留在她们身上时，我们会因为她们的举手投足感受到令人向往的优雅魅力。

对艺术品的衡量绝对不是它有多吸引眼球就能决定的，女人的身姿就如同这件艺术品，如果她高大，有着玲珑有致的身段，那自然会让所有男人神往。

如果她身材娇小，可是却饱含魅力，那自然也是吸引眼球的。

多数女人认为，自己的胖瘦可以靠运动来调整，可是身高如何，是已定的，没有办法更改的，这也就是说，身高不够，那做什么样的努力也都是白费的。

对于这个问题，美心有着同样的苦恼。由于遗传问题，美心的身高很不尽如人意，已经27岁的她，身高不过一米五，看起来像一个小孩子。

美心生得漂亮，算得上一个美人胚子，可是，由于身高问题，美心一直没有男朋友，以前的男朋友也都因为她的身高问题离开了她。

美心不喜欢穿高跟鞋，整天以一身休闲装度日，男人们见了她，也避之唯恐不及。

今年生日的时候，美心收到了一份意想不到的礼物，闺密布布送了美心一双高跟鞋，这双鞋就如同一个精灵，让美心的身材比例立刻变得协调了。

朋友说，其实美心的问题不在于身高，而是在于心态。她总是认为身高是她的致命伤，于是，整天忧伤度日，根本看不到自己身上其他的好处。

说起来，美心也不过就是一个平常的姑娘，会因为别人的眼光而感到伤心自卑。其实，任何一个女人身上都有丑有美，如果你只将自己的目光放在丑的部分，那美的部分就自然而然会被你忽略掉。你既然发现不了自身的魅力之处，那你就自然找不到一个适合自己的魅力方向。

魅力女人，能用自己身上的优点补足缺点，美心穿上了高跟鞋后，身材比例变得非常协调，整体给人的感觉也是美丽极了。

一个女人如果气质能打动观众，即使自己没有完美的身材，也是无所谓的。女人最好的身材比例是腿比上半身长，这样看起来，特别协调。

可是不见得每个人都能有着魅力四射的黄金比例，不过不用怕，你可以尝试用鞋子弥补身材比例的不足。

当你体重达到了三位数，你就和完美身材间有了一道鸿沟。而这几个数字把很多人逼上了节食的道路。而事实证明，身材好不好与体重无关，即使不减肥，你同样可以通过一些有效手段来让身材变得凹凸有致。

完美的身材比例并不都是天生的哦！只要拥有一件神奇的小物品——腰封，就可以帮你打造属于你自己的黄金身材比例。小蛮腰，大长腿，都不再仅仅是梦想，实用的穿衣搭配帮你将它们统统拥有！

宽松感的衣服其实是能很好地遮掩稍显圆润的腰部线条的，当然全身都是宽松的衣服会给人感觉不够精神，所以就需要在大腿部分适当收紧。

搭配要诀：宽松感连身裙的长度以到达膝盖以上为佳，如果嫌腿型不够骨感，可以搭配深色袜子和长靴。

宽松及超短的斗篷式的外套在今年秋冬很流行，它的好处在于能够将视线提升至胸部，如果搭配瘦身款的下装，就起到调整身材比例、视觉显瘦的效果。

搭配要诀：短款外套的袖口和下摆比较宽大，适合搭配修身效果的毛衣和下装，比如一款紧身背带裙。同时，黑色还能收缩臀部线条。

迷你短装是显瘦的又一高招，拉长腿部线条，能让人看上去挺拔。

搭配要诀：穿着短装要注意回避腿部的问题，可选择黑色丝袜或者搭配高统靴来让腿部看上去更纤细。

越是复杂的装饰，越是会让人觉得有"欲盖弥彰"的繁冗，所以来自职业装的简洁元素也能起到瘦身的作用。

搭配要诀：线条简洁的服装也要选择合适的配件来打破僵硬感，"包裹"感的紧身直筒裙会让下身线条玲珑。

茧型裙有灯笼型的弧度，可以很好地"罩"过宽的臀部，是显瘦的又一实用穿法。

搭配要诀：圆弧型的裙廓最好能搭配短装穿着，不适合让上衣的长度到达臀部，否则会显得更宽。

收紧腰部线条，让身体呈现"X"廓型，这是显瘦穿法的基础级。如果想身材看上去不仅苗条，而且更性感，就运用超短的元素吧，裸露的双腿会让曲线感瞬间升级。

搭配要诀：黑色大衣是"X"廓型的标准式样，适合搭配黑色漆皮皮带和彩色长筒袜，提升摩登感觉。

学会分析自己的形体

分析

对自己的身材要有足够的了解，这样才能找到适合自己的服饰。

身材胖瘦其实并不要紧，重要的是身体各个部分要尽量匀称，这样才能让别人看起来舒服、顺眼。其实人的身材好与否，主要是看身体结构。有的女人上半身肥胖，背上和两肩长满赘肉。这类型的女人眼看上去似乎很苗条，但实际上全身的比例不匀称，在衣服遮掩下的部分长满了肥肉；两腿很细，但腰部却没有女性应有的凹陷的曲线。这种体形是由于运动不足或水分摄取过量而引起缺乏带给女性曲线美的肌肉所造成的肥胖。

还有一种女人，给人打眼的第一印象就是胖，她们的脂肪率在

30%以上，是典型的脂肪型女人，身体的尺寸与骨骼相比不合比例地大，全身上下胖乎乎的类型。当然，她们的体内脂肪大大超过正常标准标准。脂肪的堆积让她们的身材看起来非常不匀称，这是由于储存脂肪的脂肪细胞自身一个个变得肥大的缘故。脂肪细胞的数量既不会减少也不会增多，因此无论是瘦人还是胖人其脂肪细胞的数量都是不变的。总而言之，这是由于饮食过量或者生活不规律造成肥胖的类型。

如果上身肥胖，选择一件宽松的衣服能遮掉部分赘肉，以穿衣风格来说，上宽下窄的衣服最能遮掩住身材的不足。以大腿为中心，整个下半身肥胖粗大的类型。上半身纤细柔弱，但臀围扩大，大腿尤其粗壮。由于膝部和脚腕等部分的线条没有收缩，容易给人造成全身松弛的印象。从事过体育运动的人全身脂肪坚硬，没有从事过体运动的人则松松垮垮。无论前者还是后者的身材比例都不匀称，尤其不宜穿着短裙。

这三种身材输在了比例上，身材好的人不见得就是最瘦的，可能瘦人的身材比例也并不尽如人意。

其实理想的体形应该取决于胸、腰、臀等线条比例以及各自的高度。如果在身体的中心位置画上一条直线，我们可以分别以胸部和臀部为顶点造出两个三角形。如果中心线两侧的三角形的前后和上下的比例都均等，且有交叉点正好位于腰部则可称为理想的体形。乳峰应位于从头顶起往下两个头部长度的位置，即肩头与肘部之间的正中央的地方。腰部应位于手臂微微弯曲时肘部附近的位置。臀部的理想位置是身高的整二分之一的高度。

当然，许多女性都梦想成为一个窈窕动人、线条精致的女人，才能被称为美丽。但是怎样才能成为现在流行的"S"型的女人？虽然减肥一直是人们日程上的必修课，也尽管减肥的人们决心何等的坚强，手段千招万式，可谓千辛万苦，但是结果都一样：要不，不见半点成效；要不，适得其反，越减越肥。

想要保持自己的身材，或者将自己的身形好好刻画一下，晚上九点以后就要控制住自己，坚决不进食，当然，为了防止第二天早上起床全身浮肿，也坚决不能喝水，这可是减肥的一大超级灵验秘籍哦！这也是保持曲线美的关键。许多专家都曾经表示想保持窈窕身材的人士，过于丰盛的晚餐、夜宵，热量都是无法消耗的。根据人体的生物钟运行显示，在十点后，人体各器官功能已基本处于微弱状态，那也正是积累脂肪的时刻。而我们正常晚餐所吃下的东西需要五个小时才能完全消化掉，这多余的热量，日积月累会造成皮下脂肪堆积过多，肥胖的命运也就悄然降临了，所以牢记晚上九点以后绝对禁止进食，洗个美容澡或者活动一下身体，养成习惯后，窈窕就离你不远了！

如果说，单纯地控制饮食拯救不了你的身材，你还可以用几种简便易行，短时间内瘦身、塑身的方法，让你享受"S"型女人魅力所带来的快乐！

1. 洗浴可以促进新陈代谢

每周用天竺葵精油、百里香、迷迭香，选出一样或混合后泡澡或足浴，以促进血液循环，增高体温，提高新陈代谢。

2. 饮食的把控很重要，许多东西能看不能吃

从减少甜食与主食入手，尽量不要吃白糖，可用红塘、蜂蜜代替，而且味精和泡面也不要吃。或者食用一些辛辣的食品，如生

姜、胡椒、花椒、辣椒等。

3. 多喝水或者绿茶，给你的肠道排个毒

多喝一些温热的饮料和绿茶。如果你实在想喝冷饮或凉的食物，那么切记之前你要先喝一杯热水才好，绝不能空腹就食用。

4. 保持良好的习惯，塑身绝对不能偷懒

每次在你想要吃东西的时候都要告诫自己，不能暴饮暴食，因为暴饮暴食是身材最大的杀手；要慢慢进食，同时饮用一些白开水，这样肠胃很快就会有饱胀感。在饥饿之前吃东西是减肥的一种有效方法。胰岛素可以调节体内糖类的吸收，同时它对食物转化和脂肪积累也起着一定的作用。若人在饥饿之前吃些东西，可以控制胰岛素的分泌。

5. 唱歌能促进腹部运动，有助于脂肪的有效燃烧

唱歌的时候，从丹田出力，基本呼吸方法即腹式呼吸法，腹部的肌肉得到充分利用，促进新陈代谢，同时也可结实腹部的肌肉。另外，使用腹式呼吸法的时候，横隔膜的活动可以调节空气的吸入和呼出量，肺容量增加脂肪分解时所需的氧气便能充分地被吸收，有助脂肪的燃烧。

6. 做一些简单的有氧运动

为了让你的身材能够变得更加理想，你需要配合一些有效的运动。当然，有氧运动是首选，最理想的运动方式就是，我们每天在家里或者不干扰别人正常生活的前提下，做原地跑步，并且时间要持续在半个小时以上，这样我们周身的脂肪细胞才会充分运动起来，进行有氧呼吸。

掌握好撞色的基本理念

撞色

掌握好撞色的基本概念，拒绝小丑色。

撞色元素在近几年可谓是大行其道，不仅是服饰，就连鞋子都开始加入一些撞色元素。这些元素搭配起来时尚又好看，穿在身上，既吸引眼球，又不容易和别人撞衫。

对于撞色来说，撞得好了是时尚，撞得不好就会显得很雷人。我们最常见的撞色是黑与白的碰撞，这虽然很常见，却也最能给人带来意外的视觉冲击。

对于撞色这件事来说，色彩的搭配很重要，桃红和浅蓝，这两种色彩平时很少组合在一起，碰撞出的效果却很惊艳。所以，很多人喜欢选择撞色眼影，用来突出自己的审美。浅蓝色巧妙地运用在眼部的中央，突出了眼睛的轮廓，提升了立体感。荧光色也是撞色的主角，奇妙的豹纹设计，在荧光绿上点缀上桃红，更加强了对比效果。带着这个妆走上T台或出席万圣节舞会，一定赚足周围人眼球。色彩丰富是撞色眼影的一大特色，它摒弃了单色和双色眼影的传统。事实证明，多个色彩在很有限的眼部范围，也能制造出令人惊叹的效果。

说起来，很多色差大的颜色搭在一起，反而会觉得非常和谐。黄绿色本来搭在一起就比较和谐，下面偏偏出现一道红，红绿对比必定亮过一切。小小的留白充当了眼线的效果，这就显出了化妆师的小心计。但是，这样的色彩搭配放在衣服上，就显得很做作。

而将两个鲜艳的颜色放在一起，冲撞也是有的。撞色的话，桃红和浅蓝可以说是唯美的搭配，这两种色彩平时很少组合在一起，但你绝对不会料到碰撞出的效果竟如此惊艳。浅蓝色巧妙地运用在下半身，突出了身材立体感，桃红色放在衣服上，直接突出衣服的娇艳。

近几年，荧光色已经成为了时尚界的宠儿，当然也是撞色的主角，在荧光绿上点缀上桃红，更加强了对比效果。带着这个妆走上T台或出席万圣节舞会，一定赚足周围人眼球。蓝色和橙色是天然的补色，将这两个颜色高纯度地搭配在一起无疑是一种十分大胆的选择。时尚圈子的女人总会认为荧光色很容易被人接受，但是名媛们认为这种俏皮的颜色有失高雅，无法将优雅发挥到最大，却留下了出奇制胜的效果。

撞色的关键在于色彩的对比强度，暗的暗到底，亮的亮到极致，就达到最高境界了。在眼妆中，暗红与柠檬黄，上眼线的黑和下眼线的浅蓝，柠檬黄与浅蓝的对比，做到了这些，这个眼妆就突出了。

女人都是具有两面性的，一面静如处子，一面动如脱兔。不是说俏皮的女人不优雅，而是说，她们将优雅更个性地展示了出来。就好像纯粹的黑与纯粹的白，似乎永远没有交集，却恰恰被一个简单的蝴蝶结缠绕在一起。黑与白没有交叠，却始终不离不弃，也许女人就是这样一面优雅一面素净。

撞色搭配得好，自然是时尚的宠儿，如果搭配得不好，只会成为大家的笑柄。

露丝是一个搭配女王，圈子里的朋友面对穿衣打扮的问题，总会去找她帮忙。不过，最近露丝被深深打击了一下，对于撞色，她也避之唯恐不及了。

露丝的皮肤比较黑，正常来说，她并不适合太艳丽的颜色。这次舞会，露丝选择了一件浅色系的长裙，搭配了一双反差特别大的藏蓝色高跟鞋。

本以为能撞出个时尚新宠来，想不到，当露丝穿着一身反差极大的衣服到会场后，大家投给她的眼光好像是在看一个从远古时期过来的外星人。

大家时而捂嘴偷笑，时而指着她的鞋子窃窃私语，露丝恨不得找个地缝钻进去。

像露丝这样一个肤色暗沉的女人，绝对不能选择浅色系的服装，虽然说她试图用撞色来提升自己的魅力值，可是，这样的结果只会造成她的装扮让人觉得花哨。由于礼服的质地是毛呢，搭配了一双颜色沉重的鞋子，整体感觉非常滑稽。

这种半洋不土的情况，让露丝成为了最失败装扮当选者。

选择撞色服饰的时候，色系一定要是相似的，不要冷暖差别太大。当毛呢的挺拔碰到针织的婉约，当米白的温柔遇到深灰的低调，效果是出乎意料的安静。不张扬，不奢华，不炫耀，盛开在针织部分的麻花，带着复古的气息，配合可爱的娃娃领，打造出质感纯美的你。很多女人选择出席一个高端酒会时，穿着颜色红与绿的碰撞变得越来越引人注目，绿叶中盛开着红花，仔细一看却是古香古色的花枝招展缠绕在其中。大片的红中又点缀着绿色的纽扣，小巧而精致。

除去了色彩的撞击，红短绿长的设计又给人以视觉冲击，塑造美好身形。几何图形总是多变的，棱角分明大小各异的图案，配上三种颜色的碰撞，却也十分协调。从灰色到米白再到橙色，色彩碰撞总能带来惊喜。正是这样大胆的碰撞成就了另一种优雅风采。格子的精致很少被人否认，每个人身边总有那么一个格子控。深深浅浅的红绿蓝黑的多色碰撞和叠加，也只有格子才能完美驾驭。

加厚的棉服搭配上撞色效果强烈的燕尾服下摆，掌握好撞色的力度，独特而精巧。撞色的精彩怎么能一个人独享呢？你的他也许不喜欢斑斓的色彩、复杂的图案，那么温暖简洁的蓝色条纹会是不错的选择。渐变设计中和了明亮对比的冲突，给人以温润儒雅的感觉。年少的时候，喜欢一切绚丽的颜色——亮黄、粉紫、天蓝、赭红，张扬着大把美好的年华。就像这样炫彩的暖色调碰撞，华丽的行事风格，神秘的魅力和梦幻的执着，带来冬天里不可阻挡的温度。

发型搭配，教你驾驭每一件服饰

发型

发型搭配服饰，才能让你看起来更协调。

一个女人优不优雅，从她的发型上就能看出来。优雅的女人总是将自己打扮得很耀眼。当一个女人蓬头垢面地走出来，你一定不会觉得她有多么吸引你。对于一个女人的审美以及优雅程度，从发型、服饰搭配上，就能体现出来。很多发型师希望自己能够具备这样的技术能力，发型服饰搭配理念是很系统并且很科学的，学好发型服饰搭配，发型师需要对人物风格、发型风格、服饰风格有清晰的认知才可以，并且要具备发型风格技术能力。

服饰搭配其实并不容易，尤其是在服装与发型的搭配上，很多女人就算下苦功，搭配不佳也是常有的事。在所有服饰风格元素中，如果将服饰风格的元素进行统一就可以得出服饰的风格。在这些服饰风格元素中，有的元素会起到决定性的作用。九型风格系统将服饰风格划分为九种基本风格，曲线型包括可爱型风格、优雅型风格、浪漫型风格，中间型包括时尚型风格、柔美型风格、华丽型风格，直线型包括纯洁型风格、知性型风格、现代型风格。

无论是俏皮的女生，还是优雅的知性女子，在生活中总会将自己的魅力发挥到极致，当然，这就离不开偏分卷发搭配连衣裙的打扮了。一件式的穿搭，又省时又时尚。选择优雅简单的款式，就能摆脱那分稚气感。短裙不太适合在学校里面穿搭，那就搭配一条紧身裤吧。碎花的围巾为你增添一份女人味。蓬松的中分短卷发发型搭配职业衬衫，给人一种成熟干练的感觉。公主袖口的设计非常特别，可以摆脱死板单调感，为你的时尚加分。腰带的搭配能让你更加具有亲切感。初秋的时候再搭配一件长针织外套，御寒又时尚。

而对于不知道该怎样打扮的女生来说，露额的蓬松扎法发型时尚优雅，亮绿色的内搭，为你添加一份活泼的气息，洗去老气横秋的感觉。想要成熟又不显老气，美女们就要记得添置一些优雅款式的亮色系服装。搭配一条宽腰带，凸显时尚感，让你们的魅力发挥到最佳。

如果脸型偏圆，那在搭配衣服的时候，就要起到修饰脸型的作用，偏分直发发型搭配蝴蝶结的衬衫和牛仔裤，凸显你的青春与优雅气息，最适合活跃的年轻女人了。打破一贯的死板，这样的发型服装搭配能让你与同年龄段朋友打成一片。

如果你长发飘飘，打理好自己的头发，然后配上适合的衣服你就能给别人留下深刻的印象。如果你的发型是斜长刘海的利落短发，类似沙宣造型，很显气质，那搭配衣服，就有全新的讲究了。格子元素无论在哪个季节都是那么的受欢迎，让你充满英伦式的学院风，最适合于职场的女性，也会显得你很有气质。如果再搭配上一条长项链，去除格子给人呆板的印象。让人不知不觉间就想和你成为"朋友"。

短发相对来说比较容易搭配，短发女人会让人觉得很干练，所以在穿衣服方面，为了让自己看起来优雅一点，可以选择正式一点的服装。在饰品搭配上，可以搭配发色来选择饰品的颜色。

对于没有刘海的马尾发型，这大概是大家都在追逐的干净发型，将所有头发束于脑后，更添青春气息，甜美的笑颜更显阳光明媚。外翻卷发将马尾扎于两侧，随意自然尽显慵懒范。娃娃脸型闪亮的眼，是否是你心中的甜美公主形象！金色卷发从耳际侧扎于一边，配上红色斜戴的帽子和简单的黑白毛线衣。

夏洛特公主（Charlotte Casiraghi）是摩纳哥王室的第二个公主，提起她，可能大家不怎么熟悉，但她的外婆可是赫赫有名的美国演员格蕾丝·凯利。夏洛特还是拥12亿美元身家的摩纳哥阿尔伯特二世的外甥女，也是摩纳哥王位第四继承人。

夏洛特公主是摩纳哥大公主卡罗琳的爱女，格蕾丝王妃的外孙女。遗传自家族的优良血统，夏洛特从小就是美人胚子，15岁时就成为时装界名人。当她同龄的女孩还在模仿小甜甜布兰妮的打扮时，夏洛特就形成了自己的风格。2001年开始，夏洛特几乎每周都出现在时尚杂志，或是跟王室有关的杂志上。世界各地的时尚杂志上从来不缺少有关她的报道，猜测她到底能不能成为威廉的王妃，还有对她的评价："她是公主，而且她还很酷。"法国的时尚经典杂志《Elle》对她评头论足："夏洛特简直成了法国女孩的一本'完全时尚手册'，因为她贵为公主，却又如此的富有个性。""她简直美若天仙，因此就算她穿着奇装异服，人们也从来不会觉得低俗"。

Gucci和Prada两个品牌是夏洛特的最爱。夏洛特不喜欢那种过于炫耀的装束——比如留着短发，身着牛仔和运动鞋，露出肚脐眼之类。她有自己的一套扎头巾的方式，发式也别具一格。像许多女孩一样，她喜欢搜集各式各样的小饰品。有时夏洛特会选择一件牛仔的开衫，但却用名贵的珠宝将两片衣襟连起来，在胸口处打个结作为装饰。

夏洛特公主的发型也经常被时尚杂志追捧。她能驾驭任何发型，前提是这些发型有能搭配上的衣服。

驾驭好发型，对于一个女人来说，就是在给自己的服饰加分，就好像衣服是一幅画的底色，而发型是画框。再美丽的画作，没有了画框的衬托，它的魅力也发挥不出来。

很多女孩不断寻求最年轻化的发型，其实合适的长发也可以令你的年龄感大大减少，让你更加亮眼。怎样修剪你的飘逸长发，才能让你更年轻而不是像一个黄脸婆？那就一起来学学吧！

在对于发色的选择上，皮肤很白的人当然什么颜色都可以搭配，但是皮肤真正够白的黄种人少之又少，所以发色的选择还是要花些心思的。头发的颜色最好不要太黑，要不会显得很沉重，而且浓黑的发色会令人觉得生硬，不够柔媚。深棕色、铜色带红、棕色带红等色系会让肤色看起来润一点，气色好一些，但如果你不喜欢太红的颜色则可以尝试巧克力色、栗子色、紫色！

你的发色一定不能太浅！因为太浅的发色会显现两个大问题，第一就是浅发色反而会让发质看起来很干燥，这就与柔顺的准则相违背了；第二则是会让脸色显得不够红润，除非你时时刻刻都能把自己的妆化得很精细，否则平时看起来会更像黄脸婆。

对于发型与服装的搭配，线条得当是很重要的。发丝的线条是向下垂直的，当然，为了搭配长发或短发，我们选择的服饰也应该在线条上起到填充作用。而我们脸上的皱纹则是横向与直向发展，头发太直的反而会刻意让脸上的线条太明显，所以皱纹深的人更不适合太直的头发，应该要用一点弧度跟卷度来掩饰纹路，有一点点弯度跟柔软度才能平衡脸上种种岁月刻画的痕迹。

其实，穿衣打扮的魅力分值不是靠长发飘逸带来的，长发女子固然吸引人，但是，短发的女孩也很契合这个时代的审美，如果头发超过肩膀30公分就太长啰！女人的体型与脸型会随着年龄渐长开始改变，因为很少修剪头发才会长，很容易陷入没型的状态，披头散发就像个疯婆子，而且头发本来就不能齐长，一定要有层次，走在路上才能松动，就像让头发跳舞一样。

发型搭配的技巧有哪些？

如果你想驾驭一条抹胸裙子，想展示出你的气质典雅，那就一定不要忘记将自己的头发侧盘起来，然后用一个别致的卡子衬托出你的品位。

如果你选择了一件休闲的服饰，在搭配的时候，尽量用一个俏皮的马尾来衬托出衣服的魅力。女人优雅不见得一定要长发，如果你是短发美人，不要让你的头发太过于死板，微微的卷曲也能让你美丽大方。

优雅女人的私家减龄装

减少

在减少赘肉的时候，也要减少年龄，让你看起来更年轻。

许多人对优雅的理解都是，优雅是说给成熟女性的，那些年轻的女人称不得优雅！但是，谁说优雅就要老气横秋，谁说优雅的女人一定要经过岁月的沉淀？轻熟女孩也一样能够打造出属于自己的优雅魅力！有职业感的单品在新晋 OL 的装扮中必不可少，不过还是需要一些有活泼感的单品或者配饰来平衡一下。皮草等优雅元素，运用面积过大会显得有些老气，可以减少运用的面积，打造属于我们年龄的轻熟味道。

作为一个女人，你首先要知道自己的缺点在哪里。有句话说得好，想知道自己的优点，首先要撇清自己的缺点。拿发型来说，你首先要知道自己不适合什么发型，才能找到适合的发型！肩膀很宽、很厚的人就不要剪太短的头发，否则看起来会更宽厚；屁股很大就不要把头发削得很薄，反而凸显下半身，身型看起来就是上窄下宽；头型很扁，头发就不能没有蓬松度；两颊很宽，卷度就不能从脸颊开始去蓬松；身高不高的人不能留超过内衣肩线的长度，要不然看起来人会更重，显得更矮。如果你有以上的问题，就请先避免掉，这样才能展现你的优势喔！

而在穿衣服打扮方面，想要为自己减龄，就要找到一个适合自己的魅力类别。连身裤加皮夹克的搭配也能演绎得很完美，省时方便又时尚。V领的设计，加上一排扣，大气简约，黑色绝对够帅气。

而要想打眼就让人觉得你是一个年轻的气质美女，首先你要从自己的T恤上下功夫，女人不一定每天都要穿一些名媛专享的服饰，那些上面集满了各种可爱元素、颜色搭配也很丰富的T恤，如果你搭配得当，也能让你的优雅一览无余。个性的撕边牛仔中裤，印满可爱图案的粉枚红色雨靴尤其可爱，夏天这样穿人人都以为你18岁！

如果在入夏后，你还没有找到一个适合自己穿着的服饰，不妨尝试一下背心+短裤，是夏天的大热装扮，但不是人人都能穿出这种效果。亮黄色的背心跟黄色的雨靴超级搭，各位身材好的女孩夏天也不妨试试啦！

迪伦·劳伦（Dylan Lauren）是美国著名时装设计师拉尔夫·劳伦（Ralph Lauren）的女儿，目前身家47亿美元，自杜克大学毕业后，立志要开办全世界最独特、最完美的糖果零售店。为了实现自己儿时的梦想，这位美国的甜心小姐迎合大众口味，推出自己的糖果品牌。

目前，她已经在三个州拥有了四家糖果连锁店，其中包括地处纽约面积达930平方米的商铺。

在这里，她不仅售卖了她的特色糖果，而且售卖高级时装和糖果口味的香水。现在迪伦的靓影已经登上了《人物》和《纽约时报星期天特刊》等报刊的封面。

有人关注迪伦·劳伦,是因为她是设计师的女儿,但我们不得不承认,这个女人有着独特的时尚思想。她不与别人的审美相撞,试图找到一个适合自己的时尚元素。

而这个坐拥 47 亿美元身家的女人,在穿衣上有着自己的小聪明,她喜欢将撞色元素搭配在身上,这让她看起来异常的年轻。

她喜欢在穿戴上加入一些时尚元素,这让她看起来清秀脱俗,加上休闲装的搭配,让 37 岁的迪伦·劳伦减龄十岁。

无论是多大的女人,都要有自己的小可爱风格。

夏日出游,选择几款时尚的连体裤,总会是不错的选择。裙装虽美,但是出去玩的话,还是很容易走光的,所以连体裤才是最安全的选择。穿上宝蓝色的波点连体裤,尽显年轻女孩的可爱俏皮气质。

灿烂的油菜花花海,虽不浪漫,但是也很美。白色的飘逸雪纺,搭配浅色的印花裙,也是减龄而时尚的完美搭配。

黑白色系,总是经典的,因为波点的存在,而不会乏味、单调。这件连衣裙,最棒的地方就是束腰的设计,勾勒出女孩纤细、柔美的腰部曲线。

女孩们的衣柜里,似乎永远都少不了几件压褶裙。一件浅绿色的压褶裙,设计简约,款式也很大方。

一字领的单品,是骨感美女们的最爱。蓝色的大裙摆,在微风中随处荡漾,远远地望去,真的很美。

发带的颜色和裙装很吻合,田园风格的小碎花,很清新的感觉。

熟女穿对减龄装只需三步，首先要选对款式，随意的搭配和休闲的款式最佳；其次要学会混搭色彩，撞色、拼色、纯色都是不错的选择；最后要注意配饰的选择，不必很精致，但一定要个性夸张。掌握这三步，让你年轻十岁不是梦。

随意的白色插画T恤搭配白色小马甲，超级适合上身比例好的女生，马甲的细节处用装饰钉打造线条感精致又帅气。蓝色的萝卜裤是修饰腿形的最佳选择。春夏条纹当道，具有浓浓海军风格的T恤和长衫是最贴心的选择。帅气的牛仔装是永远不败的经典，高台底高跟鞋在脚踝处的绑带很性感。雪纺衫轻柔又浪漫是春夏每个女生都爱的热门单品，但是简单的做裙装穿未免有些俗气。搭配一条卷边铅笔裤既修身又有型，拉链的鱼嘴短靴搭配很讨巧。

白色是甜美装扮的最佳选择，早春搭配提高人气还能激增桃花运。蕾丝花边小女人味十足，黑色的短袜搭配黑白红底短靴个性十足。你一定要拥有一件条纹单品，大号的手袋足够抢眼。春夏拥有一件百搭的T恤比男友还贴心，高腰短裙提升腰线还能凸显玲珑腰身。波点是春季又一大热门图案，艳丽的颜色是春天的必选答案。尝试搭配不同色彩的短袜也很时髦哦。

米色双排扣上衣很有英伦感觉，腰带的设计收紧腰线完美身体比例。雪纺裙总是给人柔然细腻的感觉。绿色短袜和咖色高跟鞋也很可爱。周日最休闲搭配莫过于简单的T恤搭配牛仔短裤，时髦又俏丽。腿长的美眉可以继续尝试黑色短袜搭配红底高跟鞋，并不会使腿部看起来短粗，还能增加层次感。

女人可以很保守地展露性感

性感

性感是女人的必备武器。

优雅的女人知道在爱家庭的同时爱自己，这种女人是懂得爱的，她爱自己、爱老人、爱孩子、爱朋友、爱同事、爱工作，更知道如何去爱生活。她明白男人需要爱，有时是理解，有时是关怀，有时是温柔，有时是刁蛮，有时是平淡，有时是火的热烈，有时是水的柔情。优雅的女人，情感是细腻丰富且理智的。当然，优雅的女人还应当有情趣，她会偶尔地恶作剧；会采来山野的小花装饰生活；会在情人节的日子给爱她、她爱的人一份惊喜；会自己读书，打发一个音乐与茶的下午。

优雅女人的性感展露在她的穿着上，一个女人要是想展示自己的魅力，绝对不是靠露肉就能展示自己性感的。为什么去海滩就非得"招摇"地穿着比基尼？这是保守派提出的尖锐问题。她们明确地认为，身材不好，就不要慷慨地秀出它；胆子不大，就不要刻意逼自己追逐潮流！"东施效颦"、"画虎不成反类犬"的教训既然摆在眼前，又何苦自讨没趣、授人话柄呢？

如果你真的是一个保守派，那么就请给你的比基尼外面套上一件适合的外衣。就这么简单吗？当然不是！即便没有时尚新新人类的胆量，但也不能沦落为"土包子"啊！究竟是时髦的保守，还是土气的保守，就看如何"隐藏"比基尼了！

白色是春夏的"人气王",又是最不容易吸收热量的颜色。就"讨巧"地为明黄色的比基尼搭配两件白色上衣——一件是质地轻薄、饰有荷叶边的白衬衫,另一件是白色的西装式外套。整体造型性感、洒脱,有活力。明黄色的比基尼在白色上装的包裹下,既满足了保守派的要求,也多了几份优雅、知性的女性气质。

如果你不想让自己的保守看起来很沉闷,你也可以选择印有星际图案的比基尼,配上一件军绿色的长风衣,这样的打扮会让你非常时尚,再绕上窄窄的围巾,戴上街头风的鸭舌帽,真的让人很难想象这是一身海滩装,但是当你解开长风衣,性感的比基尼若隐若现时,一切又都对劲了!

优雅的女人会将自己的性格变成一幅精美的画作,茂密的棕榈树、白色的遮阳伞和一张张可以半躺着的竹椅,如果你能将自己的性感表露得非常惊艳。春夏新装的发布现场弥漫着一股清新的海滩风情,男生穿着沙滩裤、女生穿着比基尼,一派度假时的轻松、惬意。一款白色比基尼,它的下装被改成了落落大方的平脚裤,上身则搭配了一件颜色淡雅、款式休闲的印花外套,含蓄、低调之间,让人更生回头之念。

对于比基尼更时装化的穿法,你恐怕得看看被时尚圈公认的时装元素了,热裤式的比基尼上印着抽象的树叶,由鲜绿色与亮黄色拼接而成,仿佛阳光下的灿烂植物。上装混入了泥土色、原木色等低调的纯色,严谨、成熟的翻领开襟针织衫起到了完全包裹身体和保护皮肤的作用,再系上一条由各种颜色、大小的圆组合而成的腰带,这样的装束走进办公室想必也是可以的。保守诀窍:1. 选择下半部分为热裤式样的比基尼。2. 长长的风衣是将自己包裹得最彻底、严实的外衣。3. 外衣的颜色以清新、淡雅为宜。

当然，很多女人在沙滩上都会觉得非常不习惯，毕竟自己的身体是一个隐私的部分，而对于那些保守派来说，身材再如何惊艳也不会将它们暴露于世，这就出现了两种保守派，一种是真正的保守派，另一种是伪保守派。伪保守派的立场就不像真保守派那样不可动摇了，毕竟她们是伪装的嘛！海滩是展现女人性感一面的最佳地点，伪保守派们是绝对不愿意轻易放弃这次机会的，但是她们又怕自己的身材不够完美。所以在矛盾与犹豫之间，她们往往选择"伪装"自己……

我们可以用一句话去概括伪保守派的定义，伪保守派们是"有贼心，没贼胆"的主儿，她们欲"露"还羞，在矛盾中寻求含蓄与大胆的最佳交集。所以，一些时尚配件成了伪保守派们的"伪装"道具。

很多女人会在穿衣服的时候，展示自己的事业线，这可能是你风情万种的最佳解读。民族风的丝巾和大大的印花布是"伪保守派"们的必备道具，它们可以修饰不够骨感的肩、背部，也可以遮挡不够纤细的腰和腿，另外还能营造一派浪漫的热带风情。一条饰有荷叶边的民族风长裙是为所有性感女郎准备的，一片式的款式只需随意地系于腰际，前摆短、后摆长的设计看起来也很时髦。

如果你想在沙滩展示你自己的魅力，而不想用暴露来打开自己的市场，你也可以选择简单的沙滩装和一根纤细的皮带，配以皮革饰边的特大号手提袋，表现潇洒的气质。总之，性感的女人，一定是自信的。

实在穿不惯比基尼，觉得比基尼是裸露的借口的你，其实改穿连体泳衣也很不错。这是为所有保守女人准备的沙滩神器，一来可以"管"住腹部的赘肉，二来也不必担心走光。至于怎样使自己看起来依然性感，可以通过一些细节来做到。譬如 Lacoste 和 Gucci 的两款连体泳衣有两大共同特点——胸前的设计与一般连体泳衣不同，V 字形和开衩的设计使女人的胸部看起来更性感；细肩带的设计分别采用了套头式和交叉式，打破了普通连体泳衣吊带又粗又简单的设计。

想要保守地展示自己的性感，有很多诀窍：

1. 准备一条质地轻盈、颜色鲜艳或印有碎花的方巾。最美的性感不过是朦胧之美。色彩鲜艳、美丽娇艳的方巾在不同程度上遮掩了女人的身材，透过缝隙，性感一览无余。

2. 不穿比基尼，改穿低胸、细肩带的连体泳衣。你要相信，一个人的魅力，绝对不是靠着展露隐私部位产生的。魅力是源于骨子里自带的那种气质，它不会随着你露了多少肉增多，太暴露只会让你的优雅荡然无存。所以，必要的时候，你要收起你的比基尼，用连体泳衣将魅力绽放在沙滩的每一个角落。

3. 用大旅行袋、蛤蟆镜、皮腰带等中性风格的配件提升自信。女人对自己身材不满意也好，或者对自己的魅力不认可也好，只要改变自己的风格，选择一些能够提升自信的单品，就能隐藏自己的不足之处，同时提升你自己的优雅指数。

Chapter 3　学会用奢华的贵族品牌来为自己加分

奢华的贵族品牌并不是用来炫耀的，但它却能给你加分，让你在人群中脱颖而出。

手腕上的精彩——Cartier（卡地亚）

每个知性女子，都有一块适合自己的手表。

把卡地亚归为优雅的"至高境界"，一点都不夸张。因为一百五十多年以来，卡地亚珠宝腕表始终是世界皇室贵族、影坛巨星和社会名流的理想装备，佩戴着融合精美设计和精湛工艺的杰作使他们寻求优雅生活的美梦成真。而卡地亚商业帝国的建立，也使更多的人得以在这个梦中游弋、徘徊……

卡地亚的故事开始于1847年。Louis-Francois Cartier（1819~1904）接手师傅在巴黎的店铺，卡地亚就这样诞生了。

1856年，卡地亚得到拿破仑年轻堂妹Mathilde公主的青睐，业务增长，并于1859年迁往巴黎最时髦的地区。Cartier吸引Eugenie皇后的注意，并成为国际著名时装设计师Worth的好友，两家人自此开始长期合作，最后并结成亲家。

1899年，卡地亚作出重要的一步，将店铺迁移至巴黎高级商品中心rue de la Paix 13号，一步步地实现理想中的事业。Alfred由这个时候开始将国际业务交予长子Louis负责。

1902年，卡地亚分别在伦敦和纽约开分店，纽约第五街的Morton Plant大楼成为卡地亚的总部。父子相传三代，卡地亚已经成为世界上最著名的珠宝商。

Louis是一个天才横溢的设计家及备具品位与商业头脑的经营者。在Louis Cartier的管理之下，卡地亚不断地创新。在提升高级珠宝、手表、眼镜及配件的同时，也为贵重货品市场新形式奠定基础。

1969年，Alain-Dominique Perrin加入卡地亚，并于1984年成立卡地亚当代艺术基金会，显示卡地亚决心和艺术家结合一起进入21世纪。

卡地亚当代艺术基金会一致致力于保存和推广富有价值的艺术产品，基金会所在地位于巴黎市中心的一座钢架玻璃大厦，也同样体现着别具匠心的大胆设计，与里面陈列品的精彩互相呼应。卡地亚闻名于世的标志最初只是一个名字。

如今，双"C"标志是珍贵和时尚的标志，铂金、黄金和钻石将这一标志附以生命，传扬着卡地亚独有的文化传承。

卡地亚在银幕和舞台历史上所创造的影视神话，几乎与它的钻石和珠宝一样熠熠生辉。卡地亚高贵腕表和华贵珠宝在黑暗剧院的银幕上，同样彰显出耀眼的光彩。众多伟大的导演，包括Cukor、Lubitsch、Hitchcock、Cocteau和Wilder，在他们名作中均选择展现卡地亚的神韵。

影视明星Grace Kelly和摩纳哥王子Rainier的联姻是卡地亚连接

银屏和贵族的完美例子，卡地亚在这个浪漫的现代童话故事中扮演着重要的角色。Grace Kelly 在她的最后一部影片《High Society》中，戴着王子送给她的订婚宝石。对于她来说这既代表着她演艺事业的终结，也代表着演艺事业的顶峰。而在摩纳哥举办的盛大婚礼上，她戴着华贵的项链和一个镶嵌着三颗圆形红宝石和钻石的铂金皇冠。

安娜·阿尼西莫娃（Anna Anisimova）出生于 1985 年，阿尼西莫娃是俄罗斯冶金业大亨瓦西里·阿尼西莫夫的女儿。

安娜早在 13 岁就是俄罗斯新一代贵族子女的"楷模"，她前卫又开放，出手也非常阔绰，但在崇尚绅士与淑女风范的老一辈眼中，她就是一个富豪圈中不折不扣的"刺头"。对此，安娜颇不以为然："他们只会让你打扮得非常怪异，看起来就像是古代的莫霍克人。"随着安娜不断成长，她逐渐开始脱离长辈的桎梏：她先是背着家人参加了维多利亚时装展的一个秘密模特队，后来又大大咧咧地与一帮年长自己几岁的朋友成立了学校唯一的运动啦啦队。由于她的特殊身份，学校校长允许她在家中完成学业，这更给了安娜追逐时尚的自由。她说："我渴望出名，我才不想整天待在学校里扮成好好学生。"

令人意想不到的是，安娜这样一个不羁的名媛，竟然会对卡地亚的腕表产生兴趣，那种华贵的腕表经常被她戴着出镜。虽然她对一切死板的东西都反感，却着实为卡地亚着迷了一把。

在名媛的圈子中，如果你的储物间没有一个专门为卡地亚设立的地点，那在名媛的圈子里根本就抬不起头来。

名媛们会为卡地亚着迷，不仅仅是因为它象征了优雅的基础色，也是因为它低调的华丽，让人忍俊不禁。

卡地亚传奇历史，从来博采众长，更与各国皇室关系紧密深厚，诸如印度王公、温莎公爵夫人、英国女王等浓墨重彩的贵客。胸针，作为皇室贵族的地位象征，名流政客的外交语言，赠与爱人的珍贵礼物……虽是小小的平面，无论绘画、诗句或是浮雕，几乎任何传统的艺术形式，都可以在那块微小的方寸天地间得以表现。由于定制珠宝的数量众多、设计繁复，卡地亚甚至会单独以一本"大客户书"为他们一一记载。

珠宝大师卡地亚运用高超的技艺对动物加以完美诠释，表现出它们时而威严、时而谐趣、时而羞怯、时而温顺的逼真情态，精致卓越地演绎出永恒的灵动趣旨。而对卡地亚动物系列胸针一向情有独钟的温莎公爵夫人所定制的，是一款创作于20世纪40年代栩栩如生的火烈鸟胸针手绘稿，一比一的比例绘制在文字描述的一侧，饶富历史的设计代表作仿佛穿越时空跃然眼前。

卡地亚在高级珠宝的史诗里，以动人心魄的极致美学与艺术风格，汲取自然万物灵动幻化为高级珠宝作品，引领装饰艺术风格潮流，将源自世界各地的异域文化融入创作，挥洒下诸多璀璨华丽的篇章。卡地亚，每一件艺术臻品无不透过能工巧匠之手，无不凭借独特的审美品位令各国皇室贵族与名流雅士倾心……

带着自己的风格去穿 Chanel 套装——Chanel（香奈儿）

这世间上最美的风景，就是穿着香奈儿跳舞的优雅女子。

可可·香奈儿在撤掉紧身衣，开创20世纪时尚潮流之前都做了什么？为什么说她是时装史上最有天赋的设计师？为什么执掌香奈儿品牌24年的天才设计师卡尔·拉格菲尔德（Karl Largerfeld）被认为是时装界的"凯撒大帝"？

优雅在于拒绝

可可·香奈儿出生于1883年8月20日，少女时代由于心灵手巧向往优异而备受周围人的注意。19世纪20年代她到巴黎开设了第一家服装店，自此之后成为著名的服装设计师。她设计的斜纹软呢套装由于工艺高超、穿着舒适方便，成为职业女性在重要场合的标准着装。由她开创的直线条服装设计，至今还在影响人们的生活。

在香奈儿少女时代，女人虽然不是男人的附属品，但必须依赖男人生活。香奈儿的设计之路开始于自我解放，即撒掉紧身衣，衣着尽可能舒适和实用。香奈儿设计的目的就是为了体现女性的特点，而不是把她们当成装饰品之类的物件。香奈儿作为女人和设计师都是独一无二的。

在时尚当中有一个非常重要的领域，那就是经典部分。在服装设计界有这样一句话："没有绝对原创的设计。"也就是当下很多的新潮设计来自于过去的设计，过去的经典设计造就了今天的生活。

很多人都知道，香奈儿设计的小黑裙，无论到哪个场合都可以穿，打破了在什么时候该穿什么的约束。很多爱美的女人一辈子的梦想就是拥有一套香奈儿斜纹软呢套装。"虽然它价格贵了一点，但它是香奈儿品牌里最经典的一件衣服，它不会退出流行。"

1955年2月，香奈儿首次推出的一款名叫2.55的女包，它的袋子是由闭合的金属链子制成的，所以它既能变成拎包、挎包，又可以变成背包。"那个时候的女性使用的都是挎包或者是拎包，手总是被占用的。因为香奈儿女士喜欢骑脚踏车，喜欢打高尔夫球，为了把手解放出来，她发明了这款包。"

香奈儿曾经说过："真正的优雅在于拒绝。"香奈儿女士在世的时候，她是离不开山茶花的。她认为山茶花长得很美，却没有香味。奢侈是什么？如果花已经长得那么高贵，再加上浓烈的香味，就显得太多了。她一直很想平衡，高贵到某一阶段，但不能过，过就不高贵了。

拉格菲尔德版的香奈儿

从1971年可可·香奈儿去世到20世纪80年代初，香奈儿品牌的主设计师几经更换，但基本上都是让香奈尔服装原地踏步。直到1983年1月卡尔·拉格菲尔德出任香奈儿首席设计师，情况才得以改变。那时候的香奈儿被人称为"睡美人"，虽然受人尊崇，但并不代表她能赚钱。香奈儿品牌需要复苏，卡尔·拉格菲尔德的任务就是唤醒一位"睡去的女人"。

在那个年代，品牌复苏的概念并不存在，但是，卡尔·拉格菲尔德的确用行动诠释了这个概念。卡尔·拉格菲尔德天生充满决心，从来没有苦读或取得任何证书，完全即兴创造。他知道自己不是梦想家，清楚自己想做什么、怎么做。

1984年，卡尔·拉格菲尔德执掌香奈儿第二年，首次推出了高级时装系列。在卡尔·拉格菲尔德看来，每六个月一次的循环才有意义，因为他爱改变，不留恋任何事物，不能被什么东西牵制。他知道，时尚是短暂、冒险、不公平的。他必须时时刻刻如履薄冰，并在它破裂之前跨出下一步。

为了使香奈儿品牌迅速走出阴霾，卡尔·拉格菲尔德不仅设计香奈儿时装，还兼职香奈儿平面广告摄影，出任香奈儿艺术大片的幕后指导，接受香奈儿跨界合作的邀约。卡尔·拉格菲尔德在接受采访时曾说过："我只出点子和设计。问题不断在变，我做这行就因为没有一定的答案。"

卡尔·拉格菲尔德不可思议地把两种对立的艺术品感觉统一在设计中，既奔放又端庄。如今，香奈儿品牌的拉格菲尔德版本，色调较为艳丽，裁工则更加高雅素媚，有着融典雅与幻想为一体的特征。

拉格菲尔德版的香奈儿在高级时装、高级成衣、香水、珠宝首饰、手表、皮制品、化妆、个人护理、服装配件等领域引领了时尚潮流。

如今，卡尔·拉格菲尔德让香奈儿起死回生，创造了另一个神话。

可以这么说，如果卡尔·拉格菲尔德让哪个模特红，这个模特一定红，不论这个模特是哪个国家的。

香奈儿作为奢侈品，其成功在于近百年的专注、坚持和创新。香奈儿的目标客户是优雅、有消费能力的时尚女性。因为客户聚焦，客户集中，在营销方面，香奈儿就更侧重引领时尚，借助时尚引领消费人群口碑，而不是铺天盖地的广告。香奈儿不是简单地按照年龄定义目标消费者，而是更关注消费者的生活态度、生活方式、消费欣赏能力。有些奢侈品品牌虽然在中国业务增长很快，但是由于营销定向、营销方式的原因，变成了"拥有××品牌等于拥有财富、有面子"，受到高收入人群的追捧，虽然满足了一部分消费者的炫富需求，但品牌内涵被忽略了。

给自己一次 Tiffany 盛宴——Tiffany（蒂芙尼）

享受低调的奢华，让自己成为皇后。

Tiffany（蒂芙尼），珠宝界的皇后，以钻石和银制品著称于世。自 1837 年成立以来，一直将设计富有惊世之美的原创作品视为宗旨。

事实证明，Tiffany 珠宝不仅能将恋人的心声娓娓道来，其独创的银器、文具和餐桌用具更是令人心驰神往。蒂芙尼以充满官能的美和柔软纤细的感性，满足了世界上所有女性的幻想和欲望。

Tiffany "经典设计" 是 Tiffany 作品的定义，也就是说，每件令人惊叹的 Tiffany 杰作都可以世代相传。Tiffany 的设计从不迎合起起落落的流行时尚，因此它也就不会落伍，因为它完全凌驾于潮流之上。和谐、比例、条理，在每一件 Tiffany 设计中都能自然地融合并呈现出来，它能随意从自然万物中获取灵感并撇下烦琐和娇柔做作，只求简洁明朗。

蒂芙尼制定了一套自己的宝石、铂金标准，并被美国政府采纳为官方标准。时至今日，蒂芙尼是全球中知名的奢侈品公司之一。其蒂芙尼蓝色礼盒（Tiffany Blue Box）更成为美国洗练时尚独特风格的标志。

蒂芙尼以传承逾 175 年的传奇风格创作臻美珠宝庆祝感恩温情弥漫的母亲节。这些蕴含着蒂芙尼完美品质传统和超凡手工艺传承的至臻礼品由令人怦然心动的蒂芙尼蓝色礼盒所完美承载。打开这象征极致完美的蓝色礼盒，母亲节乃至生命中每一重要时刻的欢欣喜悦就此开启。

蒂芙尼（Tiffany & Co）Victoria系列的吊坠和耳环由铂金镶嵌纯美璀璨的榄尖形和圆形钻石打造而成，诠释了花朵美妙精致的风韵。每一颗钻石都拥有完美无瑕、无与伦比的切工、色彩和净度，度身定制的手工切割和镶嵌更令这些灵动的钻石花朵绽放曼妙美态。

蒂芙尼（Tiffany & Co）甄选淡水珍珠打造的多款优雅手链，彰显其采用光泽温润宜人的珍珠创作珠宝的品牌传统，从镀金时代到装饰艺术时期并沿袭至今。这些精选的顶级珍珠无论从形状、大小或是色泽上都完美相衬，缔造优雅迷人的高贵风格。该系列珍珠手链包括雅致纤巧的单排珍珠手链以及由五排珍珠制成的华美的宽式手链，每一款都饰以刻有品牌标识的925纯银搭扣。

蒂芙尼（Tiffany & Co）将遍访世界后寻得的稀世完美宝石经由天赋异禀的设计师和工匠幻化为风格卓然的彩色宝石戒指，幽蓝深邃的坦桑石、绿润沁心的沙弗莱石、娇柔明丽的摩根石或饱满浓郁的紫锂辉石，每一颗绚丽的彩色宝石都采用度身定制的切割和镶嵌方式并搭配纯美钻石，以展现其瑰丽华美的迷人风采，彰显品牌创始人蒂芙尼先生所开创的荣耀传统。

蒂芙尼，美国设计的象征，以爱与美、罗曼和梦想为主题而风誉了近两个世纪。蒂芙尼以充满官能的美和柔软纤细的感性，满足了世界上所有女性的幻想和欲望。蒂芙尼的创作精髓和理念皆焕发出浓郁的美国特色：简约鲜明的线条诉说着冷静超然的明晰与令人心动神移的优雅。和谐、比例与条理，在每一件蒂芙尼设计中自然地融合呈现。蒂芙尼的设计讲求精益求精。它能够随意从自然界万物中萃取灵感，撇下烦琐和娇柔做作，只求简洁明朗，而且每件杰作均反映着美国人民与生俱来的直率、乐观和乍现的机智。

1837年由查尔斯·蒂芙尼和约翰·B.杨开设在纽约市，开始时名称为"蒂芙尼和杨"（Tiffany & Young），商店设在下曼哈顿区，是一间专门销售时尚商品的精品店。当时公司由蒂芙尼、杨和艾利斯三人打理。蒂芙尼蓝（Tiffany Blue）是蒂芙尼的标志色。在公司成立不久，蒂芙尼就采用了这种独特的颜色作为他们品质和工艺的标志。

让蒂芙尼在全世界享有盛名也可以说是电影《蒂芙尼的早餐》的功劳了。实际上，电影的主角赫本本人就是蒂芙尼的狂热追求者。

美国南北战争中，林肯总统不顾战争的严峻特地光顾了蒂芙尼，为妻子选购了一条珍珠项链。在林肯的就职仪式上，总统夫人就配戴着它。也有传说在林肯总统被暗杀的瞬间（1865年4月15日7时22分），蒂芙尼公司大楼上自1853年以来被作为装饰用的阿特拉斯神钟也突然停在这一时刻。这也许是巧合，但却留下一份神秘色彩。

让我们追溯蒂芙尼的历史。那是1837年，蒂芙尼和他的朋友仅用1000美元开办了一个以卖古董、文具、陶器为主的小杂货店，第一天的营业额仅有五美元。可是12年后，它就变成了以销售钟表、银制品、首饰为主的店铺。1851年与世界银器制造大师的合作，使蒂芙尼成为世界有名的银器制造商之一。1867年，在巴黎的世界万国博览会上，蒂芙尼荣获银器制品优秀奖，从而走向了闪光的历程。

1877年，蒂芙尼购入了一颗重287克拉的钻石，为使它显示出最美丽的光彩，采用了90切割面的工艺做成的造型。它成为蒂芙尼的传世之宝。那时正兴起用钻石做订婚戒指的潮流。可是当时的镶嵌技术却没有办法将钻石的魅力充分体现出来。1886年，蒂芙尼公司发明了用六爪来镶嵌钻石的"蒂芙尼制作法"。这种镶嵌方法能够使钻石的光芒最大限度发挥出来。蒂芙尼设计的这种式样，至今仍被作为订婚戒指的造型。

蒂芙尼之所以有今天的业绩，得益于它在重视传统的前提下勇于向现代大胆挑战。

蒂芙尼公司的宗旨是"对美和品格的不懈追求"。为了兑现自己的诺言，蒂芙尼不惜与毕加索等著名艺术大师合作，创造出高品格的首饰。20世纪80年代，毕加索的女儿巴罗玛·毕加索为蒂芙尼公司设计出象征亲吻的X造型的首饰风靡世界。

令人着迷的性感帝国——Gianni Versace（范思哲）

将性感展露出了，跟随这个性感帝国。

来自意大利知名的奢侈品牌范思哲（Versace）创造了一个时尚帝国，代表着一个品牌家族。范思哲的时尚产品渗透了生活的每个领域，其鲜明的设计风格、独特的美感、极强的先锋艺术表征让它风靡全球。它的设计风格鲜明，是独特的美感极强的先锋艺术的象征。其中魅力独具的是那些展示充满文艺复兴时期特色的、华丽的、具有丰富想象力的款式。它们性感漂亮，女性味十足，色彩鲜艳，既有歌剧式的超现实的华丽，又能充分考虑穿着舒适性及恰当地显示体型。范思哲还经营香水、眼镜、领带、皮件、包袋、瓷器、玻璃器皿、丝巾、羽绒制品、家具产品等。

范思哲创立于 1978 年，品牌标志是神话中的蛇妖美杜莎（Medusa），代表着致命的吸引力。范思哲的设计风格非常鲜明，独特的美感、极强的先锋艺术表征让它风靡全球，它强调快乐与性感，领口常开到腰部以下，撷取了古典贵族风格的豪华、奢丽，又能充分考虑穿着舒适及恰当的显示体型。范思哲善于采用高贵豪华的面料，借助斜裁方式，在生硬的几何线条与柔和的身体曲线间巧妙过渡，范思哲的套装、裙子、大衣等都以线条为标志，性感地表现女性的身体。范思哲品牌主要服务对象是皇室贵族和明星，其中女性晚装是范思哲的精髓和灵魂。

著名意大利服装品牌范思哲代表着一个品牌家族、一个时尚帝国。它的设计风格鲜明，是独特的美感极强的先锋艺术的象征。

范思哲服装远没有看起来那么硬挺前卫，以金属物品及闪光物装饰的女裤、皮革女装创造了一种介于女斗士与女妖之间的女性形象。绣花金属网眼结构织造是一种迪考（Deco）艺术的再现。黑白条子的变化应用让人回想19世纪20年代风格。丰富多样的包缠则使人联想起设计师维奥尼及北非风情。

斜裁是范思哲设计最有力、最宝贵的属性，宝石般的色彩、流畅的线条，通过斜裁而产生的不对称领有着无穷的魅力。

在男装上，范思哲品牌服装也以皮革缠绕成衣，创造一种大胆、雄伟，甚而有点放荡的廓型，而在尺寸上则略有宽松而感觉舒适，仍然使用斜及不对称的技巧。宽肩膀、微妙的细部处理暗示着某种科学幻想，人们称其是未来派设计。

范思哲创建人詹尼·范思哲（Gianni Versace）1946年12月2日出生于意大利的雷焦卡拉布里亚。母亲是个"土"裁缝，曾经开过一个名为"巴黎时装店"的店铺。她是一个聪明的女人，可以不用任何纸样，只须在布上标一些记号便可裁剪成衣。Versace的家与母亲的作坊只有一墙之隔，他们三兄妹就是在这么一个充满工作气氛的环境下长大的。童年的Versace就喜欢学做裙装以自娱。回忆往事，大师曾说："我就是在妈妈的熏陶下，从小培养出对缝制时装的兴趣。"

穷乡僻壤的小镇对成长中的Versace来说，舞台已经太小了。1972年，25岁的Versace来到米兰学习建筑设计。随后，一个偶然的机会，他为佛罗伦萨一家时装生产商设计的针织服装系列畅销，使他们的生意额猛增了四倍。作为奖励，他获得了一辆名车。这次空前的成功使他放弃了所学的建筑业，成为他创业史上的第一个契机。于是，初尝胜利甘果的Versace便牛劲冲天，一发不可收拾地全身心投入到了时装事业中。

1978年，Versace推出他的首个女装成衣系列。不久以后，他的第一间时装店便筹备就绪，并邀请学习商业管理专业的长兄桑托（Santo Versace）来帮助管理。1981年，研发Versace的第一瓶香水期间，他又邀请在佛罗伦萨读大学的妹妹Donatella来做帮手。至此，Versace的时装王国开始成形，1989年开设"Atelier Versace"高级定制时装店并打入法国巴黎时装界。1997年7月15日，詹尼·范思哲在美国迈阿密的豪宅门前被枪杀，令该宅顿成凶宅。

1992年，范思哲在南滩度假，以300万美元的价格买下了这座住宅以及与其相邻的地皮，并另外投资3300万美元增建了面积约560平方米的南侧建筑。范思哲觉得没有地方修游泳池，就把隔壁的旅店用重金买了下来，在一天之内拆除，腾出地方来修游泳池。豪宅俯瞰大海，设有35个房间，包括10间卧室和11个卫生间，每一间都有独特主题，用色大胆，墙壁、天花板、走廊等都贴有大量珍贵壁画和马赛克装饰。庭院里还放有不少雕像，专门建的游泳池长16米，镶有马赛克和24K金瓷砖。

范思哲在1997年被枪杀后，他的妹妹在2000年以2000万美元的低价，将这座豪宅卖给美国电信商人洛夫廷。

洛夫廷在2012年委托全球闻名的科威国际不动产（Coldwell Banker）代理，以1.25亿美元（合7.9亿人民币）的价格将其出售。

范思哲帝国的标志是希腊神话中的蛇发女妖玛杜莎，美女的头发由一条条蛇组成，发尖是蛇的头。她代表着致命的吸引力，她以美貌诱人，见到她的人即刻化为石头，这种震慑力正是范思哲的追求。

精致、奢华和简约的碰撞搭配——Louis Vuitton（路易·威登）

做精致的女人，要从包包看起。

路易·威登（Louis Vuitton），他是法国历史上最杰出的皮件设计大师之一，于1854年在巴黎开了以自己名字命名的第一间皮箱店。一个世纪之后，路易·威登成为皮箱与皮件领域数一数二的品牌，并且成为上流社会的一个象征物。如今路易·威登这一品牌已经不仅限于设计和出售高档皮具和箱包，而是成为涉足时装、饰物、皮鞋、箱包、珠宝、手表、传媒、名酒等领域的巨型潮流指标。从早期的LV衣箱到如今每年巴黎T台上的不断变幻的LV时装秀，LV（路易·威登）之所以能一直屹立于国际时尚行业顶端地位，傲居奢侈品牌之列，在于其自身独特的品牌基因。

路易·威登（Louis Vuitton）（1821年8月4日~1892年2月27日），世界奢侈品顶级品牌路易·威登（Louis Vuitton）创始人，世界奢侈品史，时尚界最杰出的时尚设计大师之一。路易·威登1821年诞生于法国东部Franche-Comte省。1837年，16岁的路易·威登离乡背井，到巴黎为贵族收拾行装。他于1854年在巴黎开了以自己名字命名的第一间皮箱店。一个世纪之后，"路易·威登"成为箱包和皮具领域的全世界第一品牌，而且成为上流社会的一个象征物。其品牌的价值就如同我们国人心中的茅台酒一样。品牌以设计制造创新而优雅的旅行硬箱、手袋以及配饰产品，造就了以旅行为核心精神的传奇。一个半世纪后，品牌的传奇依旧延续着，其卓越品质和原创精神享誉全球。

1852年，拿破仑三世登基，路易·威登被选为皇后的御用捆工，从此涉足上流社会。

1852年，路易·威登革命性地创制了平顶皮衣箱，并在巴黎开了第一间店铺。就像今天一样，他的设计很快便被抄袭，平顶方形衣箱成为潮流。路易·威登的皮箱最先是以灰色帆布镶面，1896

年，路易·威登的儿子乔治用父亲姓名中的简写 L 及 V 配合花朵图案，设计出到今天仍蜚声国际的交织字母印上粗帆布的样式。从设计最初到 2013 年，印有"路易·威登"标志这一独特图案的商品，被名媛争相追捧。

1992 年，路易·威登首次登陆中国，在北京的王府半岛酒店开设大陆地区第一家分店。

路易·威登品牌 150 年来一直把崇尚精致、品质、舒适的"旅行哲学"，作为设计的出发基础……路易·威登（Louis Vuitton）这个名字现已传遍欧洲，成为旅行用品最精致的象征。

路易·威登的服饰风格很容易让人辨别，从衣服的大胆用色就让人热血不羁便是路易·威登的特征。最让人印象深刻的是他所设计的亮丽动人的花卉图案，被流行时尚界誉为经典之作。

路易·威登的防水、耐火传说，真实程度难以追究，但它不用皮革或其他普通皮料，而是采用一种油画用、名为 Canvas 的帆布物料，外加一层防水的 PVC，的确让它的皮包历久弥新，不易磨损。除了"耐用"之外，有 150 年历史的路易·威登，一开始就专攻皇室及贵族市场，也是令这个名牌屹立不倒的原因。

1888 年，路易·威登以方形图案代替原有的米、棕色条纹，并且加上注册商标，不过仿冒品依旧充斥于世。作为著名品牌路易·威登集团的唯一传承人，乔治于 1896 年在阿涅尔安静的办公室里，设计了路易·威登著名的品牌缩写标志，于 1897 年 1 月 11 日在劳资调解委员会注册和开始正式投入使用。在这个由字母和四叶形花交织而成的奇特组合中，菱形将花饰围在棕色背景下。有四片叶子的图案也许来自于总督宫的练功狼。花式图案的构思也许来自于日本江户时代的画。而周围凹面的四片星状，看起来与中国汉朝的军旗图案相似。或者毫无诗意地说，花形图案的创意来自乔治和约瑟芬·威登家厨房的地板砖。

古典 & 时尚融合

过去只讲经典不谈潮流的路易·威登，2012 年来终于一改作风。1996 年，为庆祝 Monogram 系列一百周年纪念，邀请七位时尚设计师设计限量款式，在全球掀起疯狂的收集热潮，让路易·威登体会到潮流也有伟大之处。1998 年，路易·威登破天荒地找了美国设计师 MarcJacobs 加盟，设计 Vernis 系列，甚至接着开发了过去从未有过的服装系列。除了皮箱、皮件和时装外，求新求变的百年老店路易·威登也将脚步跨入其他时尚领域。Marc 来自美国，但他却深深为服装的历史、文化、根基和经典精神所着迷。Marc 的设计理念以实用为主，他认为时装要能够让人穿出门才是最实际的，注重设计细节，揉合个人的独特眼光，衍生出出众的女性魅力风格。经典的行李箱、鲜艳创新的提包，路易·威登的高贵精神和品质不变，但在 Marc 的巧妙装扮下却为路易·威登换上了新的表情，更贴近大众的生活。

日本的艺术家村上隆（Takashi Myrakami）以他的卡通世界颠覆了路易·威登，也颠覆了整个世界，路易·威登的字母组合图案遇上变化多端的奇幻色彩扭转了人们的视觉印象。顿时，村上隆的大笑花朵和招牌眼睛幻化成各种形式出现在路易·威登的商品上。西方经典品牌遇上东方天马行空的艺术家，这场时尚与艺术的联姻获得了空前的成功。对村上隆相当着迷的 Marc Jacobs 表示他最欣赏的是村上隆欢乐作品底下的黑暗面，同时具有光明和黑暗才是真实人生，也是 Marc Jacobs 要带领路易·威登前进的方向。

百年精湛工艺

路易·威登不只是一时流行的时尚名牌,之所以能成为百年经典,关键原因在于让消费者享用贵族般的品质。创始人路易·威登,在19世纪时,是拿破仑三世的爱妻乌捷妮专任捆工和御用皮革师,他发明具防水功能的平盖硬式行李箱,有坚固耐用的品质保证,顿时传遍上流社会,也让路易·威登一问世,就是以名牌的姿态,影响当时的时尚界,成为名流绅士出门旅游必备的装备。

路易·威登之子乔治·威登创造著名的Monogram系列,其主要的轻巧帆布,制作过程非常繁复,必须加上一层防水的氯化乙烯(PVC)后,印上标准图案,再经过压纹,才告完成。此款帆布有极佳的耐压和耐磨韧性,保证长久不变形、不褪色,而且花纹完整无缺,几乎所有的基本款都是以此款帆布材质,加以设计发挥成不同的皮件用途。

路易·威登MH集团(Louis Vuitton与Moet Hennesy合并而成)要制作一个路易·威登皮夹,就必须要经过1000道手续;其公事包在设计之初,都会在实验室,进行连续两周不断开关都不会变形的考验测试,严格的品质考验,为的就是让消费者买得放心。几乎用过路易·威登皮件的消费者都知道,路易·威登皮件用个十几年,都还是可以完好如初,而皮色也会因为长期与肌肤的碰触,久而久之,变成自然且典雅的颜色。甚至有传闻,"泰坦尼克号"(Titanic)沉没海底数年后,一件从海底打捞上岸的路易·威登硬型皮箱,竟然没有渗进半滴海水。还有传言,某人家中失火,衣物大多付之一炬,唯独一只Monogram Glace包包,外表被烟火熏黑变形了,内里物品却完整无缺。虽然这些传闻都有点夸张、不可思议，但也证明世人对路易·威登品质的信任。

做一个穿 Prada 的优雅女王——Prada（普拉达）

用含蓄和张扬来征服这个世界。

由马里奥—普拉达兄弟 1913 年创立的 PRADA 以它含蓄的张扬和极致的典雅征服了世人，成为世界各地极受欢迎的品牌之一。PRADA 带来不羁的波希米亚风情，用绚丽色彩的神秘诠释森林深处的无限性感。

电视剧《Mad Man》的热播让 20 世纪中期的风尚也随之火了一把。那些有着丰满沙漏形身材的秘书与太太们，身着完美勾勒出曲线的裙装，可谓明艳动人。这种二战后以 Dior New Look 为代表的穿衣风尚在 T 台上由 Prada 领航展示，尽显女性化的迷人魅力。

1913 年，Prada 在意大利米兰的市中心创办了首家精品店，创始人 Mario·Prada（马里奥·普拉达）所设计的时尚而品质卓越的手袋、旅行箱、皮质配件及化妆箱等系列产品，得到了来自皇室和上流社会的宠爱和追捧。今天，这家仍然备受青睐的精品店依然在意大利上层社会拥有极高的声誉与名望，Prada 产品所体现的价值一直被视为日常生活中的非凡享受。

Prada 于 1913 年创办首家精品店。1978 年，这个历史悠久的著名品牌被赋予了新的发展元素与活力。

Miuccia（马里奥·普拉达的孙女）与当时具有丰富奢华产品生产经验的 Patrizio Bertelli 建立了商业合作伙伴关系。20 世纪 70

年代的时尚圈环境变迁，Prada几近濒临破产边缘。1978年Miuccia与其夫婿Patrizio Bertelli共同接管Prada并带领Prada迈向全新的里程碑。Miuccia担任Prada总设计师，通过她天赋的时尚才华不断地演绎着挑战与创新的传奇。而Patrizio Bertelli，一位充满创造力的企业家，不仅建立了Prada全世界范围的产品分销渠道以及批量生产系统，同时还巧妙地将Prada传统的品牌理念和现代化的先进技术进行了完美结合。

在Miuccia接手之际，Prada仍是流传于欧洲的小牌子。这种代代相传的家族若没有一番创新与突破，很容易没落。Miuccia寻找和传统皮料不同的新颖材质，历经多方尝试，从空军降落伞使用的材质中找到尼龙布料，以质轻、耐用为根基，于是，"黑色尼龙包"一炮而红。

20世纪90年代，打着"Less is More"口号的极简主义应运而生，而Prada简约且带有一股制服美学般的设计正好与潮流不谋而合。1993年，Prada推出秋冬男装与男鞋系列，一时之间旗下男女装、配件成为追求流行简约与现代摩登的最佳风范。20世纪90年代末期，休闲运动风潮发烧，Prada推出Prada Sport系列，兼具机能与流行的设计，造成一股旋风。历经二十多年的努力与奋斗，这个品牌不断地发展与演变。

通过Miuccia与Patrizio Bertelli的默契合作，Prada已经从一个小型的家族事业发展成为世界顶级的奢华品牌。共有166家直接经营的Prada和Miu Miu精品店分布于全球的主要城市和旅游景点。

坐落于香港中环历山大厦的店铺是Prada的第170家精品店。这些"淡绿色精品店"以其独特的设计结合了功能性与优雅的气质，完美地衬托出 Prada 优秀的产品。Prada Epicenters 旗舰店相继成立，它们风格独树一帜，是将购物与文化进行融合的全新尝试。Prada 集团已经拥有 Prada、Jil Sander、Church's、Helmut Lang、Genny 和 Car Shoe 等极具声望的国际品牌，还拥有 Miu Miu 品牌的独家许可权。

所有 Prada 集团麾下的产品的加工生产都是由意大利 Tuscany 地区的 Prada Spa 管辖，这地区被公认为拥有最高端的皮具和鞋类生产工艺和技术。对于批量生产，Prada 对产品高质量的要求丝毫没有松懈，对品质永不妥协的观点已成为 Prada 的企业理念。2011 年 6 月 24 日，普拉达在港交所挂牌上市。

当奢华装饰主义来势汹汹之时，Prada 设计风格忽然来了个 180 度大转变——还原为简约舒适风格，的确有一种反潮流与反高潮之感。Miuccia 称 2000 年的春夏系列为"时装 ABC"，因为她要将衣橱里的常青基本衣服——毛衣、恤衫、简洁的打褶裙、直筒裙和丝巾，重新发扬光大。散发浓厚的 20 世纪 70 年代斯文学生和空姐味道的打扮，表现一种今日失落了的真诚之美。这就是 Miuccia 所讲"这是唯一可能的事物，典雅、好女人、非常时髦"。

自 20 世纪 70 年代末期，Miuccia 接手掌管了 Prada 后，也开始加入少许的服装设计。一直到 80 年代末期，Prada 在大家心目中都还是一个专门出产皮件的意大利品牌。但在 90 年代的"崇尚极简"风中，Miuccia 所擅长的简洁、冷静设计风格成为了服装的主流，因此经常以"制服"作为灵感的 Prada 所设计出的服装更成为极简时尚的代表符号之一。

来自全球不同城市的设计师们，很多都是 Prada 皮件的爱用者。

纽约的 Donna Karen 也背着黑色尼龙布系列的 Prada 包包出门。近两年来，Prada 也大力开发一些皮包的流行款式，像是小型购物提包，缤纷多彩的颜色，以及容易保养的帆布质材，引爆了另一波提包流行。在鞋子系列中，其款式都是鞋类流行的领导指针。例如方形的楦头、楔型鞋跟金属色娃娃鞋……都是 Prada 所带起的风潮。从皮件、服装到鞋子、内衣，Prada 已经成为一个完整的精品王国，版图也拓展到全世界。

潮流与传统的低调结合——Armani（阿玛尼）

优良的制作，更显女人优雅的选择。

阿玛尼是世界著名时装品牌，1975 年由时尚设计大师乔治·阿玛尼（Giorgio Armani）创立于米兰。乔治·阿玛尼是在美国销量最大的欧洲设计师品牌，它以使用新型面料及优良制作而闻名。

创办人 Giorgio Armani 在 1934 年生于米兰市近郊。1957 年，当他服兵役后，便到当时得令的百货公司"La Rinascente"担当"橱窗设计师"（window dresser）。1961 年，他转到 Nino Cerruti 当设计师。

1974 年，他与朋友 Sergio Galeotti 合资，毅然成立以 Giorgio Armani 为名字的男装品牌。甫一出道，Giorgio Armani 的首个男装系列便深受时装买手和传媒的注视。西装上衣是其标志，剪裁秀丽，潇洒易穿。1975 年，增设女装线。值得一提的是，其妹 Rosanna Armani 是意大利顶级模特，她运用自己的影响力，令

Giorgio Armani 备受瞩目。

Giorgio Armani 名气日盛，生意兴隆，开设二线品牌似乎是自然不过的事。1981年，Emporio Armani 正式成立，于米兰开设首间 Emporio Armani 专门店。"Emporio"是意大利文，意思是"百货公司"。从其名字可想象到 Emporio Armani 就是一间 Armani 百货公司，货品种类林林总总：有男装女装、鞋履、香水以至眼镜饰物，等等。其风格走年轻路线，为爱 Armani 但不喜欢穿成熟的主流的年轻人，提供了一个不俗的选择，一间他们喜爱的生活百货。

Emporio Armani 挟着 Giorgio Armani 的威势，于20世纪80年代大受欢迎，分店开得一间接一间，由米兰开到美洲、亚洲。更于世界各地12个不同的城市诸如巴黎、大阪等开设 Emporio Armani Caffe，将音乐、美食、室内设计美学等概念融会在一起，为寻常百姓家展示了一代意大利名师的休闲生活哲学。作为大名鼎鼎的 Armani 旗下的副牌，Armani Exchange 针对的消费群体是年轻时尚的潮流一族，设计上也更加前卫、大胆。Armani Exchange 以"暗夜的性感"为主题，色彩以黑色为主打，采用牛仔、针织等面料，营造年轻具有活力的诱惑风格，在性感诱惑的同时，也延续了 Armani 为人著称的优雅迷人，性感、野性却绝不媚俗。

在两性性别越趋混淆的年代，服装不再是绝对的男女有别，Armani 即是打破阳刚与阴柔的界线，引领女装迈向中性风格的设计师之一。Armani 在校内主修科学课程，大学念医科，服兵役时担任助理医官，理性态度的分析训练，以及世界均衡的概念是他设计服装的准则。

Armani 创造服装并非凭空想，而是来自于观察，在街上看见别人优雅的穿着方式，便用他的方式重组再创造出他自己，属于 Armani 风格的优雅形态。许多世界高阶主管、好莱坞影星们就是看上这般自我的创作风格，而成为 Armani 的追随者。好莱坞甚至还流行了一句话："当你不知道要穿什么的时候，穿 Armani 就没错了！"茱蒂·佛斯特就是 Armani 忠实的拥护者。

男女服装中，简单的套装搭配完美的中性化剪裁，不论在任何时间、场合，都没有不合宜或褪流行的问题，来自全球的拥护者更是跨职业、跨年龄。Armani 的配件包括了皮件、鞋子、眼镜、领带、丝巾等，与服装一样讲究精致的质感与简单的线条，清楚地衬托款式单纯的意大利风格服装。即使是泳装，也都省去繁复的装饰线条，以雕塑性感曲线的剪接为主，有着一种无法形容的优雅气质。Giorgio Armani 的副牌有很多，如 Armani Jeans 男女牛仔系列、Giorgio Armani Junior 男女童装系列，还有雪衣、高尔夫球装系列，等等，其中发展的最成熟的应该是以老鹰作为标志的 Emporio Armani 男女装。各样品牌皆吸引了忠实的支持者，时尚圈中俨然吹起一股 Armani 风。

乔治·阿玛尼就设计风格而言，它们既不潮流亦非传统，而是二者之间很好的结合，其服装似乎很少与时髦两字有关。

乔治·阿玛尼设计遵循三个黄金原则：一是去掉任何不必要的东西；二是注重舒适；三是最华丽的东西实际上是最简单的。这也是乔治·阿玛尼对自己非常精准的评价。而美国时装设计师比尔·伯拉斯这样评价阿玛尼和他的服装："他的女装款式的设计，的确有独到之处，无懈可击。他是时代的天才。"不是男女性别的截然划分，不是日装和晚装的严密分界，阿玛尼特立的风格、个性的色彩和文化冲突与交流造就的时髦使他自 1980 年代起就一直被认同是最有影响力的时装设计师。

1975 年，阿玛尼的第一次时装发布会获得成功，没有衬里和张扬结构线条的设计，不拘于正式与非正式的休闲衣着打扮，天然去雕饰的色彩，完全剔除了 1960 年代盛行的嬉皮风格，以简单的轮廓、宽松的线条，改变了传统男性硬挺拘束的风格，皱纹风格的外套风靡一时。之后男装的微缩女装版紧跟着推出，采用传统男装面料，显示出强烈的中性风格。他的风格、美学和荣誉由此确立。

时尚设计大师的作品，向来给人正式优雅、低调奢华的印象。而近几年来，这位创作力源源不绝，且因个人喜好而积极跨足家具设计领域的大师，更明显地让人感受到他对"东方元素"的迷恋！2009 年春夏推出的高级定制服 Armani Prive 系列，Giorgio Armani 先生更直接将旗袍剪裁用于小礼服上，并且加入流苏、印花刺绣、丝缎面料，以及中国建筑中最具代表性的"飞檐"等元素，极度东方的设计细节，让每一款保有黑、灰、白、紫、红等"经典 Armani 色调"的服装新作，宛如一件件东西方合璧的艺术品。如此热爱东方的 Giorgio Armani，更不会忘记撷取他心目中的东方意象、东方美学，为女性设计出一款极具东方情调的香氛——ONDE 奇域香水。

Giorgio Armani 先生谈到"ONDE 奇域香水"的概念时说："我将想象中的东方印象之旅，融入香氛概念中。它让女人有机会去探索古老东方文明的渊远流长与瑰丽，并且从中体悟到，如何展现自己深层内蕴的女性之美。因此，我不只设计出一瓶香水，而是建构出一个由香味组成的世界！""ONDE 奇域香水"就像 Giorgio Armani 为不同女人量身定制的隐形香氛华服，随着不同的香调变化，引领女人的心，步入一幕幕瞬息变化的东方场景，并从中找到自己渴望表现的深层魅力！他表示："每个女人在使用她的ONDE奇域东方香水时，就像是一位身在自己的东方宫殿，正在进行神秘美丽仪式的东方后妃。她的魅力随着香氛的轨迹无止尽传递，仿佛她能够左右这个世界，将一切她所想要的，尽收眼底。"这就是Giorgio Armani先生献给所有女性的东方幻境，如珠宝般璀璨，如宫殿般华丽，如东方壮丽景致般绝美，实现每个女人所能想象的东方美感极致。

贵族学院风，年轻跳动的优雅——Ralph Lauren（拉尔夫·劳伦）

年轻女孩也可以优雅起来，年轻地跳动，优雅地选择。

拉尔夫·劳伦来自美国，并且带有一股浓烈的美国气息。拉尔夫·劳伦名下的两个品牌Poloby Ralph Lauren和Ralph Lauren在全球开创了高品质时装的销售领域，将设计师拉尔夫·劳伦的盛名和拉尔夫·劳伦品牌的光辉形象不断发扬。

拉尔夫·劳伦（Ralph Lauren）时装界"美国经典"品牌。拉尔夫·劳伦（Ralph Lauren）是有着浓浓美国气息的高品位时装品牌，款式高度风格化是拉尔夫·劳伦旗下的两个著名品牌"Lauren Ralph Lauren"（拉尔夫·劳伦女装）和"Polo Ralph Lauren"（拉尔夫·劳伦马球男装）的共同特点。除时装外，拉尔夫·劳伦（Ralph Lauren）品牌还包括香水、童装、家居等产品。Ralph Lauren勾勒出的是一个美国梦：漫漫草坪、晶莹古董、名马宝驹。Ralph Lauren的产品：无论是服装还是家具，无论是香水还是器皿，都迎合了顾客对上层社会完美生活的向往。或者正如 Ralph Lauren 先生本人所说："我设计的目的就是去实现人们心目中的美梦——可以想象到的最好现实。"

拉尔夫·劳伦时装设计融合幻想、浪漫、创新和古典的灵感呈现，所有的细节架构在一种不被时间淘汰的价值观上。

拉尔夫·劳伦的主要消费阶层是中等或以上收入的消费者和社会名流，而舒适、好穿、价格适中的拉尔夫·劳伦 POLO 衫无论在欧美还是亚洲，几乎已成为人人衣柜中必备的衣着款式！

Ralph Lauren Slim Classique 系列中，装饰艺术灵感与腕表奢华儒雅的钻石镶嵌风格相呼应；装饰艺术风格运动运用利落的几何线条，并采用最奢华的材质，使 19 世纪的极尽奢华与 20 世纪的时尚气息相互辉映，为恒久以来的风格与美学标准带来创新意念。对 Ralph Lauren 而言，当时无与伦比的优雅与大胆的乐观精神，一直以来皆为品牌的灵感源泉。

Ralph Lauren Slim Classique 系列彰显此独一无二的美学观点，所有腕表均搭载 Piaget 为 Ralph Lauren 打造的雅致纤薄机芯，糅合了鲜明的几何线条、精细的工艺以及纤薄的造型。

2012 年，为向不拘一格的装饰艺术时代致敬，Ralph Lauren 全新演绎数款 Ralph Lauren 867 方形腕表。全新 Ralph Lauren 867 腕表以位于麦迪逊大道（Madison Avenue）867 号历史悠久的纽约旗舰店命名。装饰奢华的表款重现咆哮 20 世纪 20 年代的高雅魅力与潇洒世故，现已推出方形 27.5 毫米白金及玫瑰金表款，搭配闪烁生辉的镶钻表圈及表耳，同时呈献白金表款，搭配饰有一行明亮式切割美钻的黑框表圈。这三款腕表均配有以传统工艺制作的银乳白色表盘及黑色圆拱形罗马和阿拉伯数字，更添优雅气质。

Ralph Lauren 2012 年推出搭配银白色表盘的全新 32 毫米白色或玫瑰金表款，为 Ralph Lauren 867 腕表在其经典风格中带来现代时尚的气派。新表款一如所有 Ralph Lauren 867 表款，均配有优雅的宝玑式指针，配以黑色鳄鱼皮表带和相衬的金质针式表扣。无论是佩戴于翩翩君子的手腕或是淑女的纤纤玉手之上，这些腕表均能完美体现装饰艺术的神髓与 Ralph Lauren Slim Classique 系列端庄雅致的特色。

"美国风格在他的手上，从想象变成了价值观——真实。"这句话一语道破拉尔夫·劳伦的设计风格与成就。

20 世纪初长达 40 年的英美上层社会生活、荒野的西部、旧时的电影、30 年代的棒球运动员以及旧时富豪都是他设计灵感的源泉。在将朴素的谢克风格引用到时装设计领域方面，应该说他功不可没。

很多人都只认得 POLO（马球），而不知道它的设计师拉尔夫·劳伦，其实 POLO 只是他设计的第一系列的男装。当初之所以以"POLO"作为服装的主题，是因为拉尔夫·劳伦认为，这种运动让人立刻联想到贵族般的悠闲生活。

拉尔夫·劳伦的精明之处在于让全世界都心悦诚服：能圆购买拉尔夫·劳伦品牌服装之梦，使身价倍增。他展示商品的办法别具一格，店内表现的是一种家庭氛围，这种方法非常成功，开在麦迪逊大街的商店第一年的销售额就超过 3000 万美元。

一直专注塑造心目中融合了西部拓荒、印地安文化、昔日好莱坞情怀的"美国风格"的拉尔夫·劳伦，最后甚至被杂志媒体封为代表"美国经典"的设计师。

"我的设计目标就是要完成一个想象可及的真实,它必须是生活形态的一部分,而且随时光流转变得个人化。"拉尔夫·劳伦讲述他开疆辟土的创见,同时也透露设计的导向,是一种融合幻想、浪漫、创新和古典的灵感呈现。

对于拉尔夫·劳伦来说,款式高度风格化是时装的必要基础,时装不应仅只穿一个季节,而应是无时间限制的永恒。POLO品牌系列时装,源自美国历史传统,却又贴近生活。它意味着一种高品质的生活,为拉尔夫·劳伦赢得了美国时装设计师协会的生活时代成就奖。

上帝与金子的组合,华丽与高雅的释放——Dior(迪奥)

让世界的华丽如影随形。

Dior品牌的命名很有意思,迪奥的创始人名字"Dior"在法语中是"上帝"和"金子"的组合。以他的名字命名的品牌Christian Dior(简称CD),自1947年创始以来,一直是华丽与高雅的代名词。不论是时装、化妆品或是其他产品,CD在时尚殿堂一直雄踞顶端。

创始人Christian Dior:

1905年1月,出生于法国诺曼底;

1920年~1925年,攻读政治学;

1928年~1931年,画商;

1931年~1937年，自由设计师；

1937年~1939年，Piguet（皮盖）服装店助理设计师；

1941年~1947年，Lelong（勒隆）服装店设计师；

1946年，开设自己的商店。

1935年，独立的早期，Dior经历了一段非常黑暗的时光。

每天，他得从报纸上的小广告中搜索工作机会，他没有固定的地址，时而与朋友同住，时而露宿街头，饥一餐，饱一餐，最终得了肺结核。尽管如此，Dior始终没有垮下。有一天，当Dior因找不到工作而陷入深深失意时，一位时装界的朋友建议他画一些时装设计图，不料却大受欢迎。每一份设计都充分展露出他独特的才能，他紧紧抓住生活中的动态，每一份设计都如此的栩栩如生。

1937年，他终于成为"Pignet"公司的时装设计师。就在此时，第二次世界大战爆发，Dior被迫离开巴黎与家人团聚。当他重新返回巴黎时，他那"Pignet"公司时装设计师的位置已被他人替代，他只好成为一位助理。当时的Dior已年过四十，而他周围的朋友均事业有成，该轮到Dior大干一场了。多年的尝试与失败使迪奥日渐成熟，他清楚地意识到了自己的天赋。他是一个天生的设计师，从没学过裁剪、缝纫的技艺，但对裁剪的概念了然在胸，对比例的感觉极为敏锐。

1947年2月12日，这是个辉煌的日子，迪奥开办了他的第一个高级时装展，推出的第一个时装系列名为"新风貌"（New Look）。该时装具有鲜明的风格：裙长不再曳地，强调女性隆胸丰臀、腰肢纤细、肩形柔美的曲线，打破了战后女装保守古板的线条。这种风格轰动了巴黎乃至整个西方世界，给人留下深刻的印象，使迪奥在时装界名声大噪。当一个个模特出现在面前时，人们几乎不敢相信自己的眼睛：那圆桌摆大的长裙，那细腰，那高耸的胸脯，还有斜斜地遮着半只眼的帽子……顿时让人们眼前一亮，坐在观众席中的女士们为当时自己身上穿着的短裙及绑在身上的茄克开始感到懊恼、不安。这一天，Dior大获成功。不久，Dior带着他第一个时装系列"新时尚"成功地将崛起的事业发展到大西洋的彼岸——美国。消息很快传遍纽约，Dior终于在纽约的第七街（闻名全国的街道）扎下根。

Dior的到来给曾因战火而与欧洲断绝往来的"山姆大叔"的家乡带来了欧洲时尚特有的魅力和色彩。人们开始告别超短裙、灯笼袖、平跟鞋和椰菜花式的帽子。Dior的设计同时也打破了战前风靡一时的香奈儿（Channel）式时装。Dior那半遮脸的宽边帽及沙沙作响的大摆长裙，让人们追忆到更古典的时代。这便是Dior强调的一种新风格。Dior在第二期创作中大胆地运用了黑色。那黑色纯羊毛长裙的裙围周长竟达40米。Dior将第二期作品取名为"Dierame"。随后，Dior有计划地将他的事业发展到古巴、墨西哥、加拿大、澳大利亚、英国等国家，短短的几年中在世界各地建立了庞大的商业网络。

Dior品牌历史悠久，从1947年Christian Dior正式创办了Dior品牌以后，前后共有五位著名的设计师加入过Dior。其中有Dior品牌创始人Christian，还有我们大家所熟知的YSL品牌的创始人Yves Saint Laurent（伊夫·圣罗兰）。

克里斯汀·迪奥（Christian Dior）被誉为20世纪最出色的设计师之一。1905年，迪奥出生于法国诺曼底一个企业主家庭，曾因家人的期望，从事于政治学习，后终因个人喜好转向美学，并结识了毕加索、马蒂斯、达利等画家。1935 年开始为《费加罗报》作画，还曾以每张 20 法郎的价格在巴黎街头出卖自己的时装画。

迪奥不但使巴黎在第二次世界大战后恢复了时尚中心的地位，还一手栽培了两位知名的设计大师：皮尔·卡丹，伊夫·圣罗兰。迪奥的公司也由此新人辈出，正是在圣罗兰、马克·波翰、费雷，以及约翰·加里亚诺等优秀设计的相继努力下，时至今日，迪奥这个牌子仍是人们信赖、追求的，无论是服装，还是皮具。

寻找鞋柜中的精灵——Christian Louboutin（克里斯提·鲁布托）

别忘记鞋底也是一片优雅的风采。

脚下那一抹红的 Christian Louboutin，拉长腿部线条的"恨天高"，潜藏一丝隐喻的性感红底，让女人们心甘情愿踮起脚尖，让男人们丢了几分魂。红毯上的常客 Christian Louboutin，让人又爱又恨，爱它招致的关注，恨它让你走不快也站不稳。

Christian Louboutin（克里斯提·鲁布托），一个法国的高跟鞋设计师，同时也是一个著名高跟鞋品牌，红底鞋是 Christian Louboutin 的招牌标识。红底是它的标签，孩童时代，他常常逃课跑去 Vila do Conde 葡萄牙旧货市场，16 岁时不顾亲朋好友的反对辍学去往法国的制鞋中心做了一名小学徒。一档对 Sophia Loren 的电视采访让他下定了这样的决心。在节目中，Sophia 说到她的妹妹，在 12 岁时辍学，50 岁时得到了学位。"每个人都为之喝彩，于是我想，好吧，如果有一天我将后悔，至少我也要像她的妹妹那样。"

有人说高跟鞋始于一个男人的虚荣。以爱美而著称的路易十四，因为个子不高，希望让自己看起来更高大、更有权威，让鞋匠为他的鞋装上四寸高的鞋跟，并把跟部漆成红色以示其尊贵身份。但这男性的虚荣后来逐渐演变成了"女人身体的一部分"。尽管专家们和女权主义者不断指出高跟鞋对女性身体有多少危害，却依然无法阻止女人们身体力行地改变行路姿势。或许 Christian Louboutin 几乎无可复制的成功，正是归结于他把女人和高跟鞋这种无法分离的绝望洞悉透彻，加上那一抹艳丽的大红更是散发出无法抵御的诱惑。他所创造出来的高跟鞋就像是令人上瘾的毒品。Christian Louboutin 说："红鞋底就像是给鞋子涂上的口红，让人不自觉想去亲吻，再加上露出的脚趾，更是性感无比。"

红色凸显女性的柔媚、美丽和不张扬的成熟性感，Christian Louboutin 这抹明亮的红不知虏获多少人的心。

在高跟鞋的世界里 Christian Louboutin 这个法国人是绝对无法忽视的。其实，想忽视也忽视不了，女明星们脚底下那抹火红更会直接抓牢你的视线。嘿嘿，这个鞋底设计太聪明。

Christian Louboutin 先生 1963 年出生于巴黎的一个工人家庭，所有的辉煌始于孩提时的特殊经历。有一次，他路过巴黎的 Oceanic Art 博物馆，在门前看到了一幅显著的图标，一个锥形高跟鞋被两行粗线划掉，告诫参观的女性"善待"展馆里面的雕花木地板。看着那双漂亮的高跟鞋，13 岁的他痴迷了，仿佛第一次发现鞋子原来也能如此美丽。当时的巴黎正处于经济复苏的时期，一派纸醉金迷、歌舞升平的景象，Christian Louboutin 抵挡不住花花世界的诱惑，经常会去巴黎当时最著名的夜总会 The Palace 玩乐。那时他只有14岁。在这里他认识到了什么是时尚，也让他对舞台表演和舞女的热情与日俱增，甚至为此放弃了学业，每天待在夜总会里，一边干些杂活，一边寻求设计上的发展，而做鞋就是他的突破口。"对于那些跳舞的女孩来说，鞋子是最重要的，既要舒服，还要非常美丽、性感，能让人们一眼就注意到。我那时的想法很简单，就是让这些女孩都穿上我制作的，比她们脚下那双更舒适、美丽的鞋子。"

16岁时，Christian Louboutin 制作了生平的第一双舞鞋，虽然到处推销，但那些舞女并不相信他。四处碰壁后，他意识到自己必须经历专业的培训。于是，1981年，在朋友的引荐下，他先是在 Follies Bergeres 当学徒，又在当时颇负盛名的品牌 Charles Jourdan 那里系统地学习制鞋技术，完善了自己在工艺上的不足。天赋+创意+自信，Christian Louboutin 很快就在行业中崭露头角。不过那时他还没有创立自己品牌的想法，也不愿意加入任何集团，以自由工作者的身份先后在 Chanel、YSL 做个独立的制鞋匠。

1988年，Christian Louboutin 被朋友说动，加入了 Dior 旗下专门生产鞋子的传奇公司 Roger Vivier。经过大师的指点，他的制鞋技巧又飞上了一个高度，很快就家喻户晓。羽翼渐丰的 Christian Louboutin 终于在1992年开创了自己的品牌，他制作的高跟鞋色彩艳丽、充满异国情调，被媒体称为"独立于主流之外的极品"，一面世就大受关注。

很多人以为那时"红鞋底"就已经是他的标志，其实不然。最开始，他并没有想把鞋底抹成红色，可是每一次设计鞋子的时候，他都为 Logo 伤脑筋。一次，他看到女助理往脚趾上涂指甲油，大红的色泽一下子刺激了他的灵感，将正红色涂在了鞋底上，没想到，效果出奇得好。至此，令人勾魂夺魄的这抹红色就成为 Christian Louboutin 的标志，让他大红大紫。

很快，这抹红色红遍了全球，王室贵族特别是大明星们的捧场让 Christian Louboutin 扬名立万。翻翻他的顾客名单：摩纳哥公主 Caroline、Cameron Diaz、Nicole Kidman、Sarah Jesscia Parker、Jennifer Lopez。红鞋底仿佛有一种魔力，让细腻精致的女人心动，更令女人在男人面前展露自信和性感。任何一个穿过他制作的鞋子的女人都会陷入一种舒适的感觉中，而他在设计中习惯用鲜明的对比表达自己的想法。细长的高跟、红色的鞋底是 Christian Louboutin 高跟鞋的标签，他的实验性艺术设计在皮鞋制造领域也是绝无仅有的。

如今，Christian Louboutin 品牌的高跟鞋售价都在 500 美元以上，顾客依然络绎不绝，Tom Cruise 甚至为他一岁半的女儿定制了一双，价格高达 3000 美元，红鞋底的魅力可见一斑。作为当代著名的制鞋设计大师之一，Christian Louboutin 无疑是曝光率最高的，他的身影常常出现在各类 Party 上。他用一种高调、张扬的态度，改变了传统鞋履设计师崇尚的内敛，能够在短短时间内迅速扬名国际，他个人的"推销"魅力功不可没。他设计的鞋子也许不是世界上最舒服的，但一定是最独特的。少年时那段在夜总会的经历也影响了他整个设计风格，Christian Louboutin 的鞋子最喜欢用各种艳丽的色彩，特别是露趾款式深得他的青睐，配合上鞋底那抹标志的红色，用高跟鞋表现了女人最性感、摇曳的一面。难怪那么多明星甚至愿意免费为他代言，在红地毯上秀出独属于 Christian Louboutin 的风采。

Chapter 4　优雅女人，仪态要打动别人

行为举止是任何场合都必备的，一个优雅的女人懂得用仪态去弥补自身不足，用仪态打动别人，这不仅装扮了女人的优雅，也给别人带来了视觉上的享受。

应对尴尬场合

尴尬

尴尬场合聪明应对，从气场上赢得目光。

做一个优雅的女人，不仅要有自己的性格、气质、修养，而且还必须有自己的风情和优雅。女人的气质是骨子里所具有的，是不需要如花似玉的美貌的，也不需要昂贵的时装和精致的化妆的。女人优雅的气质，犹如一杯清茶，时刻放出自己的色和香。

但是，女人不会永远一帆风顺，在女人的社交中，很多问题会随之而来。女人的社交通常与男人是不同的，男人们大多是一些酒肉朋友，两杯酒下肚，事情便迎刃而解了。女人比较容易感情用事，在交往中需要有感情的付出。感情不深，两个人绝对有着巨大的隔阂。

女人一生会遇到很多尴尬的问题，面对这些尴尬的情况，女人们要怎样做才能维护自己的优雅仪态呢？

众所周知，在面对尴尬场合的时候，多半人会面红耳赤，支支吾吾来回应别人，这样的做法，会让你的尴尬更加浓郁。事实上，几乎所有的场合都离不开微笑，一个善意的微笑象征着自己对别人友善的接触，表示了一个人的善意。对人微笑，能解决不必要的麻烦。笑是人类表情达意最基本的方式，也是社交中的有利工具。不过，在美国心理学家巴霍洛夫斯基看来，笑还是女人征服男人的最佳方式。一项由他主持的最新研究显示，女人的笑对男人来说有特殊意义。

巴霍洛夫斯基就曾经明确指出，笑是女人缓解尴尬的专用武器，之所以女人会比男人更懂得笑的定义，是因为上帝在造就女人的时候，就注定了她们比男人更擅长笑。这个特点不仅表现在生理方面，也表现在心理方面。

如果从生理的角度上来说，女性一旦进入青春期后，声带变化会表现出与男性迥然不同的特点。在巴霍洛夫斯基的实验中，女人大笑的频率一般为 1000 赫兹，给人悦耳动听的感觉，让男人感到舒服。相比之下，男人发出的笑声更为低沉，频率只有 43 赫兹，像喘息一样，并不那么动听。所以说，女人爱笑，是因为上帝给了她们完美的声音。

如果我们从心理因素来解读女人的笑，她们天生爱笑，那是因为她们拥有比男人更加丰富的感情，性格更温柔，也更敏感。巴霍洛夫斯基在观察中发现，女性的笑表达了她们多种情感：高兴时笑，害羞时也笑；点头时笑，摇头时也笑；认真时笑，说谎时也笑；看到男友笑，她会跟着笑；瞧见爱人生气，她则会咯咯地逗他笑。

尽管听见笑声的人很多，巴霍洛夫斯基也就此指出，只有特定的接收者才能听懂其中的信息。也就是说，女性通过笑来表述的感情，不见得每个人都能听懂，所以通过笑，女性传递了自己独特的信息。

如果我们询问女人对什么东西感兴趣，多半人会回答服装，那是因为女人大多注意外表。但是，一个聪明的女人，光有美丽的外表是没有用的，一定要懂得内外兼修才能将自己立于不败之地的道理。底蕴深厚的女人聪明、善解人意、爱好艺术、富有内涵，并且眼光独到。她们活着就注定为了实现梦想而百折不挠、千辛万苦地去努力奋斗，这其中的每一段经历都是一种财富，积淀下来就能成为底蕴的一部分。

一个女人，她有着优雅的底蕴，并且善于积累经验，能静下心来观察自己身边发生的一切事物，善于发现美，善于挖掘美的素材。阅历令她们眼光如鹰般锐利，不管是看人还是选物，无一不令人羡慕，即使别人想模仿，却怎么也找不到那种韵味。

女人高雅，所选择的人，或者物，也一定会搭配上她的高雅气质，拿选择男朋友来说，一方面，有的女人能一眼就看出哪个男人有内涵、哪个男人肤浅、哪个男人没有品位、哪个男人不值得一交；另一方面，女人这种洞察的能力，也只有爱好高雅、性格淡泊和不贪图金钱、权势、名利的女人才有。当然，善良、正直、坦诚的男人同样也会很赏识这种女人！一个有思想、有上进心、谈吐高雅的女人，谁会不喜欢呢？

Alannah坐拥过亿美元身家，是某食品业大王之女。作为富豪之女，她总是生活在媒体的眼睛下，似乎一举一动都备受关注。

　　Alannah并没有富家小姐的矫情之气，相比之下，她的敢作敢当让很多人为之动情。

　　一次媒体采访，Alannah说错了一句话，整场气氛也变得异常尴尬。在这种情况下，Alannah不但没有表示出一丝惊讶，反而给媒体回应了一个淡定的微笑，也正是这个微笑，让Alannah成为了大家心目中公认的优雅名媛。

　　事后，Alannah说，既然话已经说出来了，那就没有收回去的可能性，所以，在这个基础上，我们能做的，仅仅是静观其变。

　　优美的动作给人以良好印象，遵循以下原则，任何细小的动作，都能显示你的聪明和教养。

　　对于优雅这件事来说，我们既不能投机取巧地移植复制，也不能一蹴而就，是必须有一些阅历积淀，才能渐渐在举手投足间流露出的气息……

　　在遇到问题的时候，也尽量能放松自己，然后将自己的优雅一面展示出来。如果说女人的优雅并非一定要出身豪门或者本身所处的地位如何显赫，这一定没有错。因为我们这里指出的优雅是心态上的优雅。你的心态优雅，处世谨慎，遇事不乱，这样，再怎样尴尬的场合对于你来说，都是没有任何伤害的。男人最反感放荡轻浮、心态猥琐的女人。现代女性要做到不媚俗、不盲从、不虚华。

　　在巴霍洛夫斯基的实验中我们不难发现，如果女人遇到尴尬的问题时，最先反映出的内容应该是她们的声音。声音的节奏变了，声调变了，自然会让人看出你的慌乱。当女性把声音提高到正常说话音频的十倍时，男人会产生"她对我感兴趣了"的想法。除此以外，女人嫣然一笑，含羞而笑，欲笑未笑，似笑非笑，笑了又笑……随着表情不同、时间长短不同，也都传递出不同的信号：

如果说，羞涩的笑包含着女性深藏在心的爱，那神秘的笑容给人以多重想象空间，是最高层次的笑；热情洋溢的笑表明女性对生活充满信心，对家庭十分满足，通常出现在已婚女人脸上；温柔的笑容会让怒发冲冠的男人也没了脾气；倘若女人与男人交谈时发出"哈哈"的干巴巴笑声，表明她已没有交谈的兴趣了，知趣的男人最好离开。

想要让自己摆脱尴尬场合，不如学会控制自己的微笑好一点。遇到事情，淡然的一个微笑，这会让人觉得你是一个清秀脱俗的女人，你不会因为这些问题而惴惴不安，也不会用自己的情绪去影响别人，你只在乎你自己的想法，无论在什么场合，优雅总是轻轻绽放。

在重要的人面前，可总是想打呵欠

打哈欠

虽然打哈欠是人之常情，可是这会破坏细节，降低优雅指数。

优雅的女人注重细节，举手投足都想绽放出最优雅的角度，可是，总有些情况我们难免会遇到，它们会破坏细节，降低女人的优雅指数。

说起"优雅"二字，我们心里面多半会出现一个标尺。像女神奥黛丽·赫本，大家对她的评价就是优雅。

优雅的长相，优雅的穿着，优雅的举止，当所有的一切集中于一个人的身上时，她的魅力就是被所有人认同的。

奥黛丽·赫本身上带着西方人的气质，却拥有东方人的魅力，她的任何一个动作、一个微笑，都能让人觉得如同一丝清泉，沁入心扉。

优雅的女人不需要太过于妖艳的浓妆艳抹，哪怕一件极其平凡的服饰穿在她们身上，都会体现出最清新的魅力。她们有符合自身的风格，这种风格是放在任何时代都不会过时的。

说起赫本，很少有人见过她的窘照，几乎她所有的照片都展示了她优雅的一面。那是不是就证明，这个女人没有失去控制的时候呢？

当然不是，任何一个人都会在社交中遇到问题，大大小小的问题会让你的形象受到损害。不过，重要的并不是你形象受到了多大的损害，而是在你试图补救的时候，你是否成功转变了形象。

伊丽莎白暗恋着一个年长自己三岁的男生卡尔，卡尔属于温文尔雅的性格，总是给伊丽莎白送去关心，让伊丽莎白觉得很幸福。

卡尔很优秀，所以，他的身边不乏一些名流千金的陪伴，对此，伊丽莎白觉得自己就是一个灰姑娘，永远不可能收获卡尔这样的王子的爱情。

她认为，卡尔的关心不过就是兄妹之情，或是友谊，她不可能收获卡尔的爱情。看着卡尔身边优秀的名媛们，伊丽莎白觉得，自己不可能拥有她们那种优雅气质。

圣诞节刚过，卡尔邀请伊丽莎白去参加一个舞会，在场的宾客都是一些名流权贵，场面浩大的程度可以用叹为观止来形容。

作为卡尔邀请的女伴，伊丽莎白处处小心，但没想到还是出了糗。当与名流见完面后，卡尔带伊丽莎白站在一边，这时，褪去了紧张情绪，伊丽莎白非常想打哈欠，但是碍于卡尔在身边，只能忍着。

伊丽莎白被这种窘迫的情绪逼得有些喘不过气，于是，她微微侧过头，用一只手掩着嘴巴轻轻打了个哈欠。

打完哈欠后，伊丽莎白发现卡尔正温柔地看着她，这让她觉得有些不好意思。不过，她还是淡定地朝着卡尔微笑了一下。

伊丽莎白觉得自己一定是做了一件全天下最愚蠢的事，她竟然会在自己在意的人面前打哈欠，这不仅让自己的颜面扫地，还给卡尔留下了很不好的印象。

在之后的很长一段时间里，伊丽莎白不敢去找卡尔，觉得不知道怎么接触。

伊丽莎白觉得自己做了一件很不优雅的事情，而这个举动在对方心里留下了烙印。

虽然伊丽莎白的动作已经很轻了，可是，她总觉得这损害了自己的形象。到底应该怎样在社交场合打哈欠呢？这样的小动作对自己又有着怎样的影响呢？

小动作人人都会有，哪怕是赫本，或者是任何一个社交界的名流，当他们与别人交往的时候，都会被一些小动作所缠绕。

对于打哈欠这种事来说，它是人体条件反射的一个动作，所以，即便是再怎样优雅的女人，也不可能保证自己永远不打哈欠。

那怎样打哈欠才能让人认为是优雅的呢？

其实很简单，想要被别人忽视这种动作，最应该做的就是让这个动作看起来不那么明显。像伊丽莎白一样，虽然偷偷打了个哈欠，可是，却被卡尔抓了个现行，这绝对不是一个正确的选择。

优雅的女人懂得用行动去促使别人忽略自己的不美好，她们也能让自己的小动作，隐藏在一颦一笑间。

我们不妨举个例子，如果一个人的一只手上有一个伤疤，而他的特长是用这只手来变魔术，那很明显他的缺点会完全暴露在众人面前。大家会重点关注他手上的伤疤，这分散了看客的注意力。

相反地，如果这个人手上有伤疤，而他的专长是坐在远远的台上弹钢琴，观众看不到他的手，自然不会发现伤疤。他的缺陷就被很好地隐藏了起来。

优雅的女人要懂得隐藏自己的不足，将自己的不足掩饰在自己的优势中。

如果你很会说话，能在社交场合应变自如，那你就可以在说话间，先将双方情绪带动起来，然后赶在多个人相互表达自己观点的时候，偷偷侧头用手掩住嘴打个哈欠，那自然不会有人注意。

如果你周围只有你和另一个人，你们两个正尴尬冷场，双方的注意力自然都在对方身上，这个时候你即便再低调地打个哈欠，都会让人将注意力完全集中在你的身上。

遇到这种情况，你首先要放松，然后对对方微笑，朝洗手间的方向指一指，你能坚持到转身，你的哈欠就无伤大雅了。

每个女人都希望自己看起来很棒，觉得自己很好，但是，在任何情况下，都免不了要遇到突如其来的问题。

女人的优雅表现在仪态上面，如果你在社交场合倦意袭来，自己被一个接一个的哈欠纠结着，你不仅仅会影响到自己，还会影响到周围的其他人。好好的一场舞会变得异常沉闷。

女人的美丽已经被无数次地讴歌和赞美，文人为此差不多穷尽了天下的华章。其实，在美丽面前，诗歌、词章、音乐都是无力的。无论多么优秀的诗人和歌者，最后都会发出奈美若何的叹息！美丽的女人是人见人爱，但真正令人心仪的永恒美丽，往往是具有磁石般魅力的女人，一招一式间彰显高贵的女人。那么，让我们来认识和修炼丰富典雅的优雅动作吧！

优雅的仪态可以让你在社交场合中脱颖而出，而不雅的仪态会让你身价大跌。女人的优雅源于细节，在重要的人面前，更不能因为一个小动作，影响了自己的优雅仪态。

宴席上很累该怎么办

累

自信女人懂得把控自己，累也不要紧。

一个自信的女人，她会无时无刻不保持着一种傲人的气息，她经常会用自己的行为去告诉别人"我是一个优雅的气质美女"，她们会毫不倦怠地出入各种社交场合，即便是宴席间真的很累，她也会坚持着在宴席上站稳脚跟。

但是，这并不是所有女人都做得到的，也许在宴席开始前，你刚刚结束了一天紧张繁忙的工作，或者一路奔波赶到酒店，你的疲倦让你睁不开眼睛，甚至你开始无意识地抓头皮，扭衣服，或是因为席间太无聊，而忍不住犯困。

其实，这都怪不得你，因为换成任何一个人，在疲惫不堪的时候，都会把自己的形象抛之脑后。

不过，你或许有个更好的办法去解决自身的疲倦，如果你站得累了，你可以找一个无伤大雅的地方休息。如果周围只有你自己，你也可以选择闭目养神一会儿。

如果你觉得自己行动都已经不受大脑控制，不要紧，你要不慌不忙地坐下来，然后给自己做一个调整。

说起来，这个环节很简单，你只要让自己喝一杯水，或者轻轻地用手臂撑住头，然后休息一会儿。

这样的小动作不会影响你的仪态。

当然，也有些情况是特殊的，比如，正有个朋友在和你聊天，而你虽然已经累得不行了，却强忍住，继续保持笑容。

这个情况下你做得很对，但是你也没必要委屈了自己。你可以对这位友人善意地说："我们这样聊有些累吧？不如我们去一边坐一下？"你要用柔和的语气去向对方询问，然后朝着你的目的地轻轻伸出手示意一下。

对方如果是一个体贴的人，他一定会发现你显得很疲倦，然后一脸歉意陪你走到那个位置。

还有一种情况就是，你周围的所有可以休息的位置都已经被人坐满了，这个时候你该怎么办？

首先你要关注的范围绝不仅仅只有这一个区域，你也可以走出去，然后向服务人员询问，找一个可供休息的地方一个人待一会儿。

有些女人由于穿着高跟鞋，站在一边的时候就会觉得辛苦，当然，我们都知道好的站姿对女性来说很重要。站，不仅仅是一个人最基本的姿态，而且也是女人优美举止的基础。能体现出一种优美典雅的气质。"亭亭玉立"的女人总能给人无限遐想。高洁如荷，骄傲如梅。在一个人没有开口说话的时候，站姿便表现了她内在的精神。

而亭亭玉立是一种挺拔而不僵直、柔媚而又富于曲线的娇美姿态，展示了女性形体线条美，体现了女性的端庄、稳重和大方，给人娴静、含蓄、深沉的美感。

虽说如此，但女人在经历了高跟鞋与长时间站立的折磨下，很难还能在席间保持一个亭亭玉立的站姿。这个时候，大多数女人会选择坐下来休息一下，缓解一下脚部的劳累。但是几分钟后你会发现，你再站起来，脚上的负荷更加重了。

都说是上帝创造了高跟鞋，为的是惩罚女人。宴会上你不选择高跟鞋，你的魅力就大打折扣；如果你选择了高跟鞋，你就要经历一场可怕的刑罚。

其实，想要缓解脚部的压力，绝对不是直接坐下来休息这么简单，你要将自己脚部的压力先适当转移，比如，用手掌扶墙壁，然后左右脚交替缓解一下。

接着你可以选择坐下来，然后将脚部微微抬起，让血液循环更加流畅。

我们中华民族自古以来就被尊为"礼仪之邦"，礼节这件事，也是我们从小就必须学会的，从打招呼到吃饭，无论哪个角度，都离不开礼仪的束缚。不少经典著述中，有很多关于"礼仪"的精辟阐述。所谓"礼仪"，分开来讲，礼者，礼也，即对待别人的礼节；

仪者，式也，即尊重别人的仪式。"礼"与"仪"乃一硬币之两面，不可分开。礼在内，仪在外，没有仪式的礼，就无以负载，不成体统，难以规范、效法和传承。从一定意义上讲，礼是做人之根本，仪是行世之方略。

从这其中，其实我们并不难看出，所谓的礼节就是礼仪的重要性就在于，它能在人际交往中起到磨合的作用，是人际交往的润滑剂。有了它，我们会更好地在我们的生活中起到作用，让我们的工作与生活更加顺畅、简单。礼仪是我们每个人塑造自我形象的一种能力和艺术，帮助我们变得美丽、优雅，赢得更多人的尊重。

时代呼唤礼仪，行业需要礼仪。国人的一言一行、一举一动，不仅关系到自己的形象，也关系到整个国家的形象。现在的礼仪培训不可谓不多，各个企业也不能说不重视，但是结果却总是差强人意。归根结底，这是因为我们把礼仪当成了一门机械的课程，如同深奥的古书一般，生硬牵强的记忆。与其如此，为什么不把"礼仪"当成一壶功夫茶呢？让我们在细细的品味中，获得身心的滋润。

所谓礼节的效果，这完全取决于你是主动选择，还是被动接受。能主动使用礼节的女人，我们说她是懂礼貌的女人，这类女人在社交中如鱼得水，只要她们出手就不会有办不成的事。你其实不需要专门地花时间来学习，礼仪之路说到底始于你内心主动的愿望。

宴会上可以夺人眼球的一般都是女士，当然这绝对不是穿鞋嫌累、站一会儿就喊疼的女人。一个优雅的女人，能驾驭得了恨天高，也能穿得了平底鞋，除了要有华丽的衣着装饰，还要有优雅得体的气质和举止，可不能像吃路边特色小吃那么豪迈，每个举止都要落落大方，但又优雅得体。

还有些女人，对宴会不感冒，身处职场圈子，视野只能看到眼前的圈子，对圈子之外的一切都不感兴趣。这样的女人往往对礼节不太感冒，一遇上事情，就会不自觉退缩。她们所知道的仪表，只有两个至关重要的作用，一是能够塑造个人及公司形象，二是能够向交往对象表示尊重。工作的时候，每一个员工都代表公司的形象，甚至越是工作在一线的人这种责任感就越强大，因为不可能每一个客户都会与公司领导进行接触，而客户对一个公司的印象正是从员工的行为细节中累积而来。尤其是一些窗口服务企业的员工，个人即代表了整个企业，其印象会根深蒂固地留在客户的脑海里。比如，我们去银行办事，遇到一个服务热情的银行柜台职员，衣着洁净挺括，给人以干练自信的感觉，可能由此就会对这个银行产生良好的印象，觉得该银行的管理一定非常不错，进而会有将所有业务都转到这家银行的冲动。这一切与企业高层领导的个人形象无关，仅仅是员工个人的表现力为企业创造的价值。

也就是说，女人的魅力是源于精力，如果她每天都病怏怏的，朋友们看着也会觉得很不舒服。反之，如果她有礼貌，能不露声色地解决问题，她的魅力将无法阻挡。

肚子饿了该怎么优雅解决

饿

管住嘴，才能调整仪态。

在一个社交名媛们参加的舞会上，有很多问题会随之而来。首先，你必须熟知社交礼节，在舞会上表现出你所有的高雅气质。

作为一个高雅的女人，你绝对不甘心让自己的优雅一败涂地。可是，这些尴尬的问题出现后，你就必须调整自己的心态，然后去解决这些所谓的尴尬事件。

在中国的餐桌礼仪上，主人不说话，我们主动去拿吃的，就显得很不懂规矩。

普遍来说，我们都对主次座位比较关注，而家庭聚会酒桌上的座次，一般是要按照辈分高低、年龄大小来排序的。也就是说，不论谁请客，辈分最高或年龄最长者要坐在最里面面向门口的显要位置；接下来可按辈分或年龄依次一左一右地排列。有时还要在长辈旁边安排一位老人喜欢的小孩，一般都是隔代人。如果是长辈请客，可能要指派一人坐在靠近门口的位置，负责做好各项招待工作；如果是晚辈请客，请客者会自然坐在靠近门口的位置。

如果在家庭聚会上，你的周围都是一些家里的长辈，而你在这个时候突然觉得肚子饿，你一定也没办法去伸手拿吃的。

可以说，规矩两个字，显示了一个女人的优雅程度。如果在用餐的时候你落落大方，从容安静，不急躁，等大家开动后，再提起筷子，这样，别人就会对你刮目相看。在餐桌上不能只顾自己，也要关心别人。口内有食物，应避免说话。自用餐具不可伸入公用餐盘夹取菜肴。

女人在吃饭的时候，不能争抢，吃东西要让人觉得稳，觉得优雅。如果你的旁边坐的是整场宴会的主角，那你一定也不能动，否则，你就会抢了主角的风光。在与人相聚时，主人不动，你就不能动。其实这是一个很残酷的事情，为了保持一个良好的吃相，通常要饿着肚子等主人动手，好的吃相是食物就口，不可将口就食物。必须小口进食，不要大口地塞，食物未咽下，不能再塞入口。送食物入口时，两肘应向内靠，不要向两旁张开，碰及邻座。自己手上持刀叉，或他人在咀嚼食物时，均应避免跟人说话或敬酒。食物带汁，不能匆忙送入口，否则汤汁滴在桌布上，极为不雅。切忌用手指掏牙，应用牙签，并以手或手帕遮掩。如欲取用摆在同桌其他客人面前的调味品，应请邻座客人帮忙传递，不可伸手横越，长驱取物。

如果你觉得自己马上要饿晕了，你觉得自己的肚子正在叫，或者觉得自己实在是撑不下去了，那这个时候，你该怎么办呢？

等着客人落座，或者等着主人提起筷子，这简直就是一个煎熬。

Randolph 有着一个庞大的家族，家族的所有人都是社交界的名流。一次家族聚会，Randolph 觉得肚子很饿，于是，就悄悄去厨房吃了一块蛋糕，她正吃着的时候，家族的一个叔叔正好走进来，撞见了 Randolph，这让她觉得很尴尬。

虽然 Randolph 是家族唯一一个女孩，按照常理来说应该深得大家的心意，可是偏偏她的举动造成了家族的轰动。提起 Randolph，大家总会说，她是一个不懂规矩的女孩。

Randolph 不得已，选择去学习礼节，她实在是不知道，饿了的时候到底应该怎么做。

学习礼仪，首先你要懂得礼仪，学会换位思考。你要清楚，如果你撞见了一个女孩在厨房偷吃，你也不会觉得这是一件正常的事，你也不会用正常的眼光去看待这个女孩。

其实，对于我们来说，如果肚子真的经常饿，你可以选择在包包里面放一些方便的小零食，这绝对是个好办法。

如果你饿了，记得千万不要去厨房找东西，这样，会显得你是个非常不懂礼节的人。你可以去外面找一些方便的即食零食，也可以买一瓶奶充饥，但绝对不要拿着零食满场走。你要在一个地方站定，并且优雅地补充能量，切勿狼吞虎咽。

我们的用餐习惯是尽量在吃东西的时候不大声说话、咀嚼声音小、尽量不谈商业话题。吃饭就是休息、享受的时候，伤脑筋的话题尽量少提。你要是真饿了，就聊点轻松的话题，等大家情绪都放松后，将自己的能量补充完整。

在日常生活中、工作岗位上、社交场合里以及约会、旅行时，品位出众、举止修饰特别、注重礼仪完美的女人往往是最引人注目的。她们的每一次装束、一举一动、一颦一笑，都会给人以愉目的享受。你可以品味、欣赏，并成为这样的人。

良好的用餐习惯是女人释放魅力的必要手段，最美的女人是坐在那里，大家都觉得沁人心脾才是真的美。如果入了场，自己就努力填饱肚子，不管不顾，那别人一定会觉得你是一个没有教养的家伙。

事实上，用餐的准备工作并没有多少，一旦主人开动，你就可以开动了。大概谁也没听说过去参加宴会饿死人的。

可以说，人的忍耐力非常强大，如果是宴会等场合，想必你绝对不会因为少吃一顿饭而做出有失身份的事情。忍一忍没什么不好，只有忍得了饥饿，你才能装得了海量的胸怀。

女人的优雅，并不是所谓淡漠的神情，而是明明心中荡漾起了波澜，表面看来，还是平和如初。优雅的定义广阔，任何一件小事都能阐释优雅的定义。

一个优雅的女人，面对事物给人的感觉不会过于专注，可是她们却用自己的胸怀容纳进一切万物。只是，她们不屑于与人诉说罢了。

优雅的女人懂得话少才是赢得目光的法宝，所以，她们不会多说话，把所有秘密都藏在心里，即便是饥饿也是一样。对于她们来说，被人指责不优雅远比饥饿要可怕得多。

优雅是女人骨子里都具备的东西，这并不是一个形容词，因为它活生生存在于女人的思想里。优鸦女人的每一个动作、每一句话，都用得恰到好处。

所以，想做一个优雅的女人，一定要管住自己的嘴巴。

目光，心灵的透视窗

目光

眼睛是心灵的窗口，也是沟通的必备品。

眼睛是心灵的窗户，我们每天都会打开窗户看世界。当然，它除了让你拥有对世界的了解外，还可以让你通过这扇窗子找到与你趣味相投的人。

可以说，这扇窗子是一扇具有魔法的窗子，我们通过窗子去关注别人，别人也通过窗子来关注我们，这种透视的效果，只有眼睛可以带来。

但凡被称为有气质、有魅力的女人，在她们与人交往的时候，都会用眼睛去连通人心。有一双会说话的眼睛，对于一个优雅的女人来说，非常重要。中国古代的"四大美女"中的西施是"明眸皓齿，楚楚动人"，而杨玉环则是"回眸一笑百媚生，六宫粉黛无颜色"。

赫斯特是美国传媒业巨头威廉·伦道夫·赫斯特最大的曾外孙女，母亲是出版界名人安妮·赫斯特，曾经当过模特，现为时装品牌 Tommy Hilfiger 全球形象大使。

赫斯特年纪轻轻便在美国《福布斯》杂志年度的"全球 10 大未婚女富豪排行榜"中榜上有名，具有出版帝国继承人和福特公司模特的双重身份，还是波士顿大学的学生。她即将入主赫斯特集团，证实她的智慧与美貌同样名不虚传。美丽又具亲和力的形象，让她在纽约上流社会的风头大有取代名媛 Paris Hilton 的架势。

对于出身富贵的赫斯特来说，所谓的上层生活已经不足为奇，可以说那些所谓的上层生活，她早已领略过——全日的寄宿制贵族学校，在汉普郡度过夏天，在棕榈海滩庆祝假日，并与整个纽约的上流精英保持私人友谊。正因为祖辈积累的丰富社会资源，也因为这位新名媛不再满足于养在深闺过低调的富豪生活，毕业于波士顿大学的赫斯特很容易就成为福特公司的模特、专栏作家、时尚品牌的全球大使。显然这个生在"老钱"家庭的女孩把自己的生活圈拓展得足够广大，更会利用自己的社会影响力改变世界。例如她自己就是环保组织"大河保护者"的一员。

有人说，赫斯特的眼睛最美，她的眼睛能给人一种深渊般的下坠感。即便她穿着俏皮的外套，也会让人觉得这个女人的优雅是从眼睛透露出来的，而不是服饰。

当然，眼睛可不仅仅是心灵的窗户而已，眼睛能够将瞬间心境感应和波动铭记于心，也可以将它们展示给别人，更多地会传递你的人生阅历和生活态度、价值观、喜好和性情，具有传递信息、表达情感的重要功能。而更为重要的是，"眼睛会说话"。如果仔细观察，我们就很容易读懂眼睛的语言，有人说，当人们心情愉悦时，眼睛就会"眼含秋水"，瞳孔随之放大；反之，见到不喜欢的人时，瞳孔会随之缩小。瞳孔正是眼睛魅力之精华，它的大小变化的轨迹，是内心情感的展示。

女人更善于用眼睛来传递信息、交流情感，这正是因为女人天生具有含蓄的特质，比起用语言或者行动来交流情感，她们更愿意将一切含蓄地进行。同时，女人的眼睛也不善于掩饰，从她们的眼神中能够清楚地读出她们的所思、所想与所感。

如果说目光才是直接映射心灵波动的感应器，那么眼神就应该算是心灵窗户表达情感交流的必要工具。我们每个人都有自己特定的目光，我们会判断一个人的喜好、善意与否，当我们有意识地通过修身养性提升目光的魅力的时候，它们会给我们带来意想不到的惊喜。因为目光的品质和魅力源自内心和一生的修养，是女人内心世界照射出的一束明亮的光芒。我们要充分地表达自己的目光，这是人自身内在特定的魅力。

"眼睛能传递感情"，这无疑是在表明眼神是无形的通讯手段，它和我们的手机、电脑一样，默默传递着心灵深处极为复杂、丰富、细腻、隐秘的情感。它所传递的是最真实的、毫无掩饰，极富于感染力的信息。一个人的爱憎、喜怒哀乐，甚至性格、气质，都会从眼神中表现出来。眼神的正确运用让你的眼睛闪动得更加惟妙惟肖。

说起社交礼仪，女人们最先考虑到的是动作，认为一套优雅的动作就能打动别人。其实不然，在人身上，最能打动别人的地方，并非肢体语言，而是心灵的交流。眼睛是人心灵的窗户，目光可以反映出一个人心中的一切情感波澜、喜怒哀乐。传神的目光给人魅力，宁静的目光给人稳重，快乐的目光给人青春，诚挚的目光给人信赖。眼神是最具表现力的"体态语"，运用好自己的社交眼神礼仪，无疑能为自己的社交形象增添魅力。

作为一个优雅的女人，你要时刻保持着笑容，在你眼里流露出的笑容，是最真切的。

所以，在社交的过程中，你要注意自己的目光，避免盯视、眯眼、斜视、瞟视、鄙视。

如果你用热情、友好、善良、坦荡、真诚的眼神去向别人表达你的想法，一定能赢得社交界的美誉。

在你说话的时候，如果你能将视线集中在对方的眼部和面部，并且真诚地倾听，这就能表达了你的尊重和理解。

学会去仰视对方，这并不会降低你的优雅度。如果你将自己的尊敬和信任之意与对方达成一致，你就能建立起良好的默契。在交谈的时候，你要应用 60%~70% 的时间注视对方，让对方知道你在认真地听他说。注视的部位是两眼和嘴之间的三角区域，这样信息的传接，会被正确而有效地理解。如果你想在交往中，特别是和陌生人的交往中，获取成功，那就要以期待的目光，注视对方的讲话，不卑不亢，只带浅浅的微笑和不时的目光接触，这是常用的温和而有效的方式。

普遍来说，与人交往时，我们的目光应该是坚定坦诚的，你不能一双眼睛无力地打量对方，也不能死盯对方，更不该表现傲慢和居高临下。在与别人交流的时候，你要用诚恳的态度去与对方进行交流，目光的主体应该是对方的眼睛，为了避免长时间的直视给对方产生的压力和局促感，可以在对方的双眼和嘴部的三角区中做出适当的调整。目光过低，显得缺乏自信；目光过高，容易让人产生傲慢和轻视感；目光游移不定，更让人缺乏信赖感和良好的沟通感。

目光交流要与倾听进行搭配，你只有让别人感觉到你是在倾听，对方才会喜欢和你说话。别人说话的时候，你要略微垂下眼皮，并且若有所思地点头，这样的状况不易持续过久，要适当抬起眼睛，并且用赞词、疑惑的眼神与对方进行交流。

目光的交流对于社交来说非常重要，有了目光的交流，两个人才能更好地建立友谊。目光是心灵的透视窗，透过这个窗子，我们才能窥视别人的心理。如果这扇窗子关闭了，你绝对无法观察到别人的喜好。

危机来临怎么补妆最优雅

补妆
别担心意外频发，要聪明应对危机。

有的人遇到尴尬的事情就不知所措，不知道该如何处理问题，其实，想要摆脱尴尬很简单，只要你展示出自己的优雅，让人感觉到你处世不乱，你就能获得别人的赞赏。

有些尴尬的事情经常会遇到，比如，想补妆的时候意外频发，眼泪汪汪才意识到睫毛膏不防水，拍照当天的早晨发现脸上忽然冒出一颗青春痘，重要的会面突然发现自己没化妆……当这些尴尬时刻到来，你该怎么办？

而对于宴会的尴尬来说，也少不了化妆的问题，女人最常遇到的就是花了妆。这种情况下如果你觉得坚持是最好的办法，那你就大错特错了。

女人会遇到的危机时刻有很多，其中，最为常见的当属花了妆了，明明出门时整理妥当的妆容，偏偏还没见人，就把自己变成了一只花猫。而这个时候，你又不知道怎么能缓和这种尴尬气氛。

遇到尴尬，怎么破解才是你应该做的呢？

当你在哭的时候不小心被同事撞见了，刚巧睫毛膏是不防水的。这个情况并不是没有办法解决问题的。

你可以找一个应急的办法，向着对方摆出个笑脸，然后找到化妆间，拿起身边的护唇膏、护手霜之类的乳液，擦一点在眼下，然后用面巾纸轻轻擦掉。如果没有乳膏，取一张面巾纸用嘴沾湿，就能轻松卸妆了。秘诀是要在妆花掉之前抢救。

你在拍照的当天，由于内分泌失调，醒来时发现脸上长了颗可恨的青春痘，这大概会很影响你自己的形象吧？不过不要紧，这可是有解决办法的。

如果你的痘痘已经变白有了脓头，这就证明你有上火的前兆，所谓急火攻心，你要放松心态，才能让自己得偿所愿啊！如果脓还没有突出皮肤表面，可以涂上维生素 E 软膏，然后用遮瑕膏刷在痘痘处，涂上粉底，再以手指轻轻沾去多余粉底，最后，扑上和肤色完全相同的蜜粉，腮红打得厚一点。

一个女人无论聪明与否，都会遇到一些突发情况。当你还有十分钟就要相亲了，可是在化妆品柜台被画得像个风尘女郎。这个时候，你应该快到另一个专柜去要一些卸妆乳和护肤品试用妆，再到盥洗室把脸上的妆洗掉。最好身边有湿面巾，赶紧到另一个专柜上一点粉底，再用一点唇彩就足够了。

聪明的女人其实是懂得利用自己身边资源的，而自己的皮肤一定要在自己的掌控之中。刚做完皮肤保养，满脸竟然冒出了疹子。这个时候，你应该用冷水或加上无任何添加剂的洁面乳清洁面部，把新产品从皮肤上抹掉，在还没有完全抹干水分时涂上薄薄的凡士林，用一些冰敷在脸上，便能迅速镇静皮肤。可能是对新产品过敏了，所以在使用新产品前，最好测试一下自己是否对之过敏皮肤瘙痒，总想挠几下；某些部位出现红斑或者大片潮红；皮肤出现灼热甚至疼痛；局部明显肿胀；皮肤上长出小疙瘩，但又不像粉刺；出现一串串的小水泡；局部皮肤溃烂。如果你有两条以上的症状，除了要及时清洗皮肤外，最好是到医院处理一下。

你在深夜狂欢后，拖着疲惫的身体起床，发现两个眼袋肿大，整个人看起来无精打采的，可是你却还要上班呀，这个时候该怎么处理呢？

其实这也很简单，浮肿是因为你体内的水分积压，皮肤承受的压力过大，所以在消除眼部浮肿时，你可以选择用毛巾包几块冰，然后敷在眼睛上，这能有效减轻浮肿状况。如果条件允许，你还可以用茶袋、黄瓜切片敷在脸上。点上遮瑕膏，其他眼妆不要太多，上班可以戴上墨镜扮酷。下次醉醺醺回家时，别忘了上床前多喝点蜂蜜水，然后垫个枕头在脑后，第二天眼睛就不会太肿了。

每个女人都要做好眼部的保养，因为眼睛是心灵的透视窗，在你用眼睛看别人的时候，如果你顶着两个核桃一样干枯肿胀的眼睛，那你的魅力怎么会释放出来呢？首先，你要搽上按摩眼霜，然后用中指以按压的方式由上眼睑的内部向外按压至太阳穴，再由太阳穴沿着下眼睑按压至眼睑与鼻梁相接处，如此来回几次，可有效促进眼周围的血液循环。

对于黑眼圈，最好的办法是使用热敷，因为蒸气本来就有扩充毛孔的作用，在洗脸时顺便利用热毛巾盖住两眼，然后将毛巾保持温热，多敷几次，这对于刚熬完夜或是两眼疲劳的消除特别有效。

通常来说，做业务的女人，由于工作太忙而没来得及化妆，这是很常见的事情，但如果这个时候却正好有客户上门，你的手边只有一支唇膏，你该怎样维护你自己的优雅形象呢？

这个时候，首先你的脑子要够灵活，你知道自己该怎么处理眼前的危机吗？这个答案其实很简单，对女人来说最好的装扮就是面色红润好气色，用拇指将口红均匀涂在脸上，让自己的肤色得到有效的衬托，这比任何化妆都管用。腮红会让脸色立刻红润起来，用手指涂抹出来的感觉是那么地平滑、自然，而且颜色也会保留得更持久。手边找不到睫毛夹的时候，用勺子边就能帮你解决这个问题了。

当你的面部打理妥当后，想要穿上露背礼服，你的肌肤却干燥得像天花板一样脱屑，或者由于夏日玩得太疯，皮肤被太阳晒得深浅不一。

其实皮肤是要靠长久维护的，如果你没有时间，或者赶不及，那你就只能选择一些应急的办法来解决问题了，以细软的沐浴刷将皮肤老死细胞刷去，然后用较温和的沐浴乳，温水淋浴。等肌肤尚未干的时候，抹上滋润乳液，多搽一点。如果可以，用接近深色皮肤的粉底均匀地覆盖在花了的皮肤上。

一次参加聚会，克莱尔突然觉得刚上完妆的皮肤刺痛、难受，有点痒，甚至摸来摸去地要弄花妆了。

这就证明皮肤被化妆品刺激得有些过敏，这种钻心的痒让克莱尔忍不住想哭，身边既没有可以拯救的物品，又不可能洗掉妆容重新弄，所以，克莱尔觉得很尴尬，于是赶紧跑进洗手间，将妆容局部洗去，然后又用化妆刷微微打了个底。

虽然克莱尔的妆容变得不太自然，但终究她可以保持住微笑，然后朝身边的人一一点头致意。

如果你要穿黑色的礼服去参加宴会，而你由于代谢问题，头皮屑掉不停，这个时候，你该如何维护住你的高雅呢？

提起这个，你首当其冲应该去买一瓶小包装的去屑洗发精洗头，如果已经来不及了，就将头发打湿，然后梳成一个利索的马尾。

对于事业型的女人来说，最经常遇到的就是在当空中飞人时，由于长时间的飞行，皮肤明显地受到影响，而且面上的皮肤已经开始发红。而你恰巧隔天就要见到你的客户，你的生意成败都在此一瞬间，为了给客户留下个好印象，你必须尽快挽救你的皮肤。在这种情况下你应该马上用牛奶泡一杯袋装茶叶，敷在脸上，这能使皮肤即刻得到缓解。

还有一个问题是，在你做空中飞人时，飞机上过于干燥的空气把头发弄得毛糙散乱。你的发丝很不服帖，可是你隔天就要面见一个重要客户，这个时候，你只需要在头发上抹上厚厚的一层焗油膏，并且将头发在脑后挽一个发髻，可以防止头发干乱。需要的只是赶紧去酒店将焗油膏清洗掉。

众所周知，飞机里的干燥空气可以让你的头发变得毛糙，这就说明你的头发平时已经很干了。保持自己的健康并不是一朝一夕就能完成的，所以，日常就应注重养发，给秀发一颗健康的"芯"。

女人的魅力在于细致。如果你的指甲破损，指甲油也斑斑驳驳，把最心爱的毛衣也钩破了，这个时候，你要做的并不是站在一边抱怨自己的指甲很不给力，而是应该想到一些应急的措施。首先，你要在附近寻找一下日用品商店，然后赶紧买瓶透明快干指甲油，滴在指甲裂缝间，以免情况越来越糟。然后用创可贴或者透明胶带把指甲尖端包住。有人说，这种做法很不美观，创可贴或者透明胶带都找到了，不如买个指甲剪吧！已经钩破的毛衣，赶紧在断线处打结吧！

如果你正要补妆，却发现自己的睫毛膏干了，这个时候你应该怎么做呢？其实，急中生智想起的方法是，用凡士林油取代睫毛膏来化妆。后来发现这样使眼睛看起来更湿润、更有神，明亮并且性感。而且，凡士林对睫毛的刺激不大，可以说，它的好甚至超过了睫毛膏本身。经常用唇彩或者日霜涂于眉间，这样眉毛看上去就更加闪亮了，会有意想不到的效果呢。彩妆用品还真有很多可以通用呢！

在化妆前，你首先要看清楚你自己的化妆品到底适不适合你，如果在不经常化妆的皮肤上，涂抹一些刺激性强的化妆品，上浓妆经常会"反应强烈",或者在干燥季节使用了不合适的护肤品和粉底,就会遇到这样的紧急情况。如果你的皮肤属于敏感型的,身边时刻预备一些具有舒缓紧张皮肤功能的乳液绝对是必要的,一涂在脸上,难受的皮肤顿时可以恢复清爽。在粉底的裸露处用一些这样的乳液,减淡点腮红和蜜粉,只保留眼唇的彩妆,才能度过难过的时刻。

还有些女孩喜欢夹睫毛,或者在宴会的时候睫毛由于汗液浸湿,所以需要用睫毛夹来打造睫毛的卷翘度,可是,由于大意了,出门的时候忘记将睫毛夹带出来,化妆的时候没有睫毛夹,自己又不能回去取,眼睛显得无精打采的。

当然,在这个时候,你绝对不能坐以待毙,首先,你不能放弃,因为你还有很多办法可以解决这个尴尬情况。你应该去寻找包包里面一切可以用得上的物件,如果你包里有棉签,或者只有一把勺子,只要用它平放在睫毛下面,顶住睫毛的根部,等待一会儿,立刻就有睫毛夹夹过的神采了。

想补妆的时候没有现成的设备,这几乎是所有女孩都会遇到的尴尬问题,只要你找到一些聪明的办法解决,就绝对不会被这种尴尬所困扰。

擦鼻涕也能优雅进行

擤鼻涕
用正确的方法、优雅的动作,完成必需的生理需求。

大多数女人,都很注意自己的外表,却不留神于一些可能会影响她们整体形象的细节动作。咳嗽、擤鼻涕、打喷嚏等日常生活中的小问题，如果没有得到妥善的处理，很容易令一个女人在公共场合中出丑，甚至被人鄙弃。

在维多利亚时代，淑女和绅士们总会讲究地随身揣着一方白净手帕，还经常炫耀性地叠一个好看的样式，甚至经常仪式性地用手帕碰碰鼻尖以示风度。而这诸多的繁文缛节，也不过是为了掩盖擤鼻涕时的尴尬。

所以，优雅地擤鼻涕是女人必不可少的必修课程。美好的事物通常都是建立在科学基础上的，擤鼻涕也不例外。了解正确的方式方法，才能在展现优雅的外表、举止的同时，更加丰富自己的内涵。

见到高鼻深目的异国美女多了以后，中国男人对鼻子的审美标准国际化了。雕塑般高挺、纤细的鼻子，让女人看起来高贵而富有异国情调。不过，总体来说，男人对女人鼻子不太挑剔，在他们眼中，只要能与五官协调就足够了。

男人认为，好看的鼻子不一定挺拔，但一定要圆润。鼻头微微上翘，给人俏皮可爱的感觉；鼻头饱满是有福气的象征。男人看不顺眼的是鼻头上翘、鼻孔外翻的鼻子，这种长相让男人觉得傲慢、粗俗、难以亲近。

有些男人也许不在意女人的鼻子的形状，却一定在意鼻孔是不是太明显、鼻子是否毛孔粗大有黑头、鼻子四周是否有痘痘或粉刺，男人讨厌和抗拒肮脏不净的鼻子。

男人不喜欢大力擤鼻涕的女人，这种举动不优雅，尽失女人味。同样地，如果在男人面前不停地用手磨蹭鼻子，甚至挖鼻孔，一定会让男人感到厌恶，即使他们本身也经常做这种粗糙的举动。如果大笑时鼻子会发出呼呼的声音，也会被男人私下嘲笑。

男人喜欢亲吻前用鼻子与女人最亲密地接触，他们喜欢那种温馨而亲切的氛围。

"鼻子是用来呼吸的器官，每当我看到女人小巧的鼻子轻轻地呼吸，伴随着颤动的鼻翼，好像扑闪翅膀的蝴蝶一样时，就忍不住想要亲吻她。那样子真是可爱极了。"

"女人的鼻子会让男人联想到她的内心，尤其是人中和鼻尖的部分，娇小玲珑的部位自然深得男人的喜欢。"

"我喜欢闻女人身上的味道，恋爱的时候，我的鼻子也变得异常敏感。"

"女人的鼻子如果像狐狸那样又尖又小巧，就会让男人充满欲望。"

"气味牵引我们找到对的人，我发现夫妻相往往都是鼻子很相像。"

"说实话，东方女人的鼻子确实不如西方的美观，不过，这并不影响我们喜欢鼻子下面的这张脸。"

"我不觉得女人流鼻涕是很脏的事情，说实话，只要是我喜欢的女人，哪怕擦鼻涕我都觉得是美的。"

"嗅觉的重要彰显出鼻子的重要性，有一种女人总是皱鼻子，好像她身边总有奇怪的味道一样，这让男人十分反感。"

不少中国女人羡慕国外美女挺直精巧的鼻子，通过化妆，不完美的缺陷能被一一掩盖。无论是过宽的鼻翼、过低的鼻梁，还是鼻尖的"草莓"，都会最大限度地加以修饰。爱美到极致的女人常会选择整形术整出期待的美人鼻。

女人每天都会对着镜子观察鼻部是否有黑头或毛孔粗大，习惯好的女人会用专用工具消除瑕疵，粗糙的女人会挤压黑头，留下永久的损伤痕迹。

微笑的时候，女人可用手轻掩嘴部，抚上鼻梁，既优雅，又避免笑时唇部露出牙齿或是鼻孔过度扩张。

获得宠爱时，女人喜欢男人轻轻点触鼻尖；跟她们喜欢用鼻子来回摩擦心爱的宠物或玩具一样，与爱人鼻子轻轻地摩擦，会带来特殊的喜悦。

女人爱哭，聪明的女人懂得如何在男人面前哭得梨花带雨、我见犹怜，却又不会涕泪横流。

"鼻头尖尖的鼻子让我觉得很性感，那样从正面看不到鼻孔，尖尖的鼻子，会让我觉得鼻子的主人非常自信。"

从大家的陈述中，我们不难看出，鼻子是一个人优雅与否的载体。优雅的女人，不会轻易在大庭广众之下触碰鼻尖。因为鼻子不仅是人关注的中心，也是人与外界传导的一个必不可少的器官。

如果在与人对话的时候，你不断地摩擦鼻子，别人就会觉得你的举动很不雅，很有可能会对你产生不好的印象。

但是，我们无法阻止的是外界因素。如果你很不幸在参加宴会的时候患了感冒，这个时候你也不要着急，首先，你要在你的晚宴包里放上一小包纸巾，如果用量比较大，你可以要求身边的男伴帮你携带。如果你的包包里面装满了纸巾，那你的晚宴包就变成了一个纸抽，这绝对不是你想看到的吧！

在宴会上，突然"意外"来袭，你也不能直接从包里面抽出纸巾在大庭广众之下擦鼻涕。如果旁边有人在吃东西，你的举动是非常不文雅的。

正确的做法是，你首先要向对方示意一下，然后走到旁边无人区，从包里面抽出纸巾，背对着人群，优雅地释放一下。

在丢弃纸巾的时候，你也不要远距离扔出去，你要走到垃圾桶旁边，然后微微俯身，将你的纸巾丢进去。

切记，在你擦鼻涕的时候，一定不要太用力，因为错误的力道会在你的鼻尖留下痕迹。你肯定不想成为宴会的小丑，所以，在擦鼻涕这件事上，你还是低调为好吧！

牙齿不好怎么补救

牙齿

牙齿会影响自身美观，所以，补救牙齿，才能让你尽情欢笑。

正常人的牙齿，露在口腔里面的称为"牙冠"，埋在上下颌骨内的称为"牙根"，牙冠和牙根互相支持，自然排列成牙弓，保持着牙弓的平衡与稳定，以便发挥正常的功能作用，如前牙可切割、撕裂食物，后牙可以磨碎食物，并支持颌骨和面部的软、硬组织，保持面容下部的丰满，促进食物的咀嚼与消化，增进人体的健康。无论什么原因造成的个别牙齿缺失或牙列缺失后，破坏了牙列的完整性，对人们的身体健康会带来以下不同程度的影响。

1. 咀嚼功能减退或丧失。在正常情况下，食物进入口腔后，被牙齿逐渐嚼碎，并不停地混入唾液形成糜团，然后经食管进入胃肠进行消化。食物被咀嚼的同时也对口腔起到刺激的作用，引起神经反射，一方面促进胃肠液的分泌，帮助消化，另一方面也促进了胃肠蠕动，加快了吸收。当个别牙齿缺失或牙列缺失后，咀嚼功能减退或丧失，唾液分泌减少，胃肠蠕动减慢，未嚼碎的食物进入胃肠，势必加重了胃肠系统的负担。久之，将导致胃肠功能紊乱，影响人体对营养物质的吸收，严重者可造成消化系统的疾病。

2. 影响面形和美观。面形在人体美中占有重要的位置，牙齿和眼睛又是影响面形最重要的器官。面部外形的美观与谐调，是由完整的牙列来维持的。人只要缺一个前牙，甚至前牙缺一个切角都会影响面形，缺着牙齿在一定的场合就会有失大雅。全口牙缺失对面形的影响自然就更为明显。当谈笑时看不到牙齿，看到的却是舌头的大部分和两侧的口腔黏膜，影响整个人的形象，让人联想到他的身份、地位和经济状况，必然会影响他的社交活动。全口牙缺失后，由于上、下颌骨间失去了牙齿的支持，而且牙槽骨或整个颌骨因缺乏正常咀嚼力量的刺激，将会逐渐退变、吸收，造成面下部高度变短，面颊部和周围肌肉松弛，唇、颊部内陷，口角下垂，面部皱纹增多，显得苍老，致使面部变形。

3. 影响发音功能。牙齿是发音的辅助器官，牙齿与舌、唇、颊肌相互配合，控制着气流经过口腔的路线和流量，从而人能发出不同的声音，构成不同的语句，表达各种意愿和思想。当个别后牙缺失，对发音影响不大。当缺牙较多时，特别是前牙缺失或全部牙齿缺失时，可造成不同程度的发音障碍，如影响齿音，不能发知、吃、失；唇齿音，不能发窝、佛、万；舌齿音发 D 音时，舌尖抵住上中切牙舌面的颈部，发 T 音时则要抵住上中切牙舌面的中部。因为牙齿缺失后，舌尖失去了原有发音的定位标志，气流经过的路线中少了一道控制的关口，故将出现发音不清楚、不准确，听起来就像漏风一样，甚至发音失真等情况。

4. 对剩余牙的影响。牙齿承受的咀嚼力是有一定限度的。当个别牙齿缺失后，咀嚼力集中在余留牙上，由于咀嚼力超过了余留牙的承受限度，致使余留牙造成创伤而产生牙周膜水肿、牙龈萎缩、牙槽骨吸收、牙齿松动等牙周疾患。如果长时间没有镶牙，就可能会导致其相邻的真牙向这个缺牙空隙内倾斜、移位，缺牙空隙相对应的牙齿将因无对抗力量而逐渐伸长、咬合关系和牙齿排列出现错乱，致使剩余牙齿失去正常的邻接关系，造成食物嵌塞，亦是导致牙周病的病因之一。

5. 对颞下颌关节的影响。当牙齿缺失较多时，剩余牙齿倾斜、移位，或向对侧伸长等现象，使咬合关系紊乱，阻碍了下颌骨向前伸或左右运动，有时因一侧缺牙，用另一侧咀嚼，形成偏侧咀嚼习惯，肌肉出现张力不平衡，长此下去，肌肉会出现疲劳，髁状突后移，关节盘水肿，关节体变形，在咀嚼食物时，会感到关节疼痛、张不开口、关节弹响等症状，临床上称为颞下颌关节紊乱综合征。

因此，缺失牙后及时镶配假牙是非常必要的。无论何种原因造成的缺失牙，也不论缺失牙齿数目的多少，均应及时镶配假牙，以便恢复牙列的完整性，有利于恢复咀嚼、发音功能及美观，保持余留牙牙槽骨和其他口腔组织的健康。

唇，性感的源泉

唇

唇是吸引人的关键，也是性感的第一反应。

味觉和食欲本来就是一对密不可分的恋人，而把它们紧密联系在一起的，就是你这诱人的双唇。即使不说话，双唇也无时不在倾吐你的情绪，表达你的姿态，令人想入非非，甚至想一亲芳泽。

索菲亚·罗兰给人印象最深刻的就是她那张又厚又大的嘴唇，据说，索菲亚·罗兰的嘴唇是一般人的两倍，而捧她出道的电影导演看上她的唯一理由就是她的嘴唇太迷人了。

通常，眼波流转、红唇娇艳欲滴的场景是很多男人对性感一词的第一反应。一位法国名模说："唇是用来说话的，更是用来展示性感的。"女人赋予双唇的意味远比其他的身体语言来得更鲜明。

唇的灵巧程度可以表明这个女人有多少情趣。没有灵动唇的女人没有灵性，唇的灵动可以多打动男人一些。嘴是女人最厉害的工具，因为嘴里有牙和舌头，嘴的结构很奇特，软唇中却有利齿钢牙和弹性的舌头。在人的身体上，关于性感用得很多的字是"尖"字，滑动的指尖、触碰的脚尖、摩擦的鼻尖。通过女性的双唇，感知暗藏的舌尖，感受女人内在的需求与欲望，这种对唇部味道的体验，甚至胜于对性的体验。

女人都会记得小时候偷用妈妈口红的经历，轻轻将那一抹动人的红涂在唇上，单这举动便令自己激动不已。从那一刻起，女人意识到自己将会成为令人动容、让万物失色的宠儿。女人陶醉在娇艳的颜色中不能自拔，即使颜色不均匀，略显慌乱，但依然在镜子前侧目，对着镜中的自己咻咻微笑。

其实涂抹色彩让女人变美只是一方面，还有更不同的性讯息的意义。

通常，有色彩的嘴唇能够传送和激发性感信息，男人对这种信息的反应往往是强烈的。无论男人还是女人，身体的性反应都会让更多的血液流向唇部，让嘴唇变得膨胀而红艳。

英国心理学家马丁·劳埃德—埃里奥特说，女性之所以会随身携带和涂抹唇膏，或许是因为可以模仿性兴奋时生殖器颜色变深的状况。女人在性高潮之前，嘴唇会变为亮红色。

同样，湿润的口腔也在模仿女性生殖器性觉醒时逐渐变得湿滑的情形。因此，很多唇膏是有光泽的，它可以使嘴唇随时显得湿润，就像刚舔过一般。

科学家发现，女性更喜欢亲吻的感觉，看到可爱孩子、毛茸茸的动物，都会情不自禁地凑上嘴唇。亲吻甚至也成为了一种良好的社交礼仪。有趣的是，美国的研究者经过试验和研究后宣称，对于女性来说，接吻是女性衡量潜在伴侣能否跟自己和睦相处的一个重要方式。女性会通过接吻和亲吻的感受，来判断与对方交往时间的长短。55%的女性表示她们可能会由于其男友可怜的亲吻能力而分手。可以说，女人的唇是帮助女人探索和感受世界、了解异性的锐性工具。相比较而言，男人却并不大介意接吻的感受，他们更在意接吻之后发生的事情，50%的男人表示他们对接吻的好坏不太在意。

嘴是重要的性器官，这种说法并不新潮。科学家通过医学仪器测定后发现，胎儿在子宫内吮吸手指的神态和成年人性生活后流露出的表情非常相似，充满了幸福感和满足感。女人丰满的嘴唇，能够很快激发男性的性趣。同时，嘴唇上丰富的神经末梢，最容易接受刺激，并能以最快的速度将感觉的信息传输到大脑，为此，接吻便成了最快唤起激情的方式。

外国电影中常会有这样的镜头：男女主人公相约黄昏后，高雅西餐厅中相谈甚洽，爱意融融的时候，摄影师会把特写镜头推到女主人公春意渐浓的脸上，随着咀嚼食物的嚅动，女主人公会用湿润的嘴唇有意无意地嘬一嘬白嫩的手指，唇齿留香，美目含情，欲说还羞，无限妩媚。恐怕，这是很多男人难以拒绝的。

也许味觉和食欲本来就是一对密不可分的恋人，而把它们紧密联系在一起的，是诱人的双唇。即使不说话，也无时不在倾吐你的情绪、表达你的姿态，令人幻想，甚至一亲芳泽。

想去洗手间，如何优雅

去洗手间
应对尴尬，用微笑把控优雅。

女人的微笑等于是一处会移动的风景，是这片风景中，最能镶嵌在流动的人海里随处可见、不分季节绽放的花朵。那发自内心的微笑，是女人奉献给世界的真诚与善良，是似水的柔情在脸庞的裸露和最美好的体现。

有人说，女人的微笑能笼络整个世界，她们的征服能力很强大，在不断地发展过程中，逐渐被包围。

任何一个懂得微笑的女人都具有魅力，她们会将这个世界上最美的东西收入囊中，即便是遇上了让人难以理解的尴尬，只要她们摆出一个无辜的微笑，对方就会将自己的质疑融化而尽。

女人们用笑传递信号。笑是人类表情达意最基本的方式，也是社交中的有利工具。

好几个文学圈里的女人，她们多愁善感，整日里自怨自艾，春天愁着，夏天苦着，秋天悲着，冬天冷着，一年四季 365 天总找点什么事让自己不高兴，好像这样才有诗意、有韵味，才惹人怜爱，才有魅力。似乎美人总有这种先天性的悲剧意识或忧郁特质，其实你整日里忧郁，带给别人和自己的都是一种很受伤害的感觉。

提起这个话题，很快就会让我们联想起林黛玉，像黛玉妹妹这样柔弱的女子，自然一个笑都裹藏不住。林妹妹整天东抹一把眼泪，西抹一把眼泪，花落了去哭一场，自己没有被重视或重视得不够也去哭一场，早晚把自己哭死，这样算是有魅力吗？

神秘的笑容给人以多重想象空间，是最高层次的笑；热情洋溢的笑表明女性对生活充满信心，对家庭十分满足。在女人的微笑里，我们听到了人类文明进步的足音，看到了女人的自信与幸福，感觉着生活的美好。像阳光一样灿烂的微笑，它无言地滋润和温暖着我们的心田。生活中偶尔掠过的忧郁都会像轻烟一样消逝在妩媚的微笑中。

当你心情好的时候，可以大方自然地微笑；而当你心情不好的时候，更应该保持微笑，一方面是因为微笑可以为自己赢得更多的关注与掌声，这样你才能以最快的速度恢复心情，另一方面是希望自己不会因此成为别人情绪的凶手。

若问天底下谁的微笑最美，不必费心猜测，答案当然是女人的微笑。女人的微笑最美、最有吸引力。当男人与女人吵架时，只要女人开始微笑，立刻就能化解敌对的气氛，让两人的关系变得和谐而甜蜜。当有人心情不好时，只要出现女人的微笑，立刻就能让乌云变成彩虹，连空气都有了幸福的味道。当有困难无法解决时，只要有女人的微笑，立刻就能让一切问题迎刃而解。

微笑带来的好处有什么？

微笑，是人与人之间的感情传递。发自内心的微笑，使人觉得你宽厚坦诚；发自内心的微笑，使人觉得你和蔼可亲，幸运、健康、财富会在不知不觉间向你靠近。

保持外在良好形象。女人的笑是最美的，可以胜过世界上一切有色彩的东西；女人的笑是最有魅力的，能让身边的人忘掉一切世间纷争；女人的笑是最好的掩饰品，能让别人记住你快乐美好的一面。爱笑的女人最显可爱、温柔和美丽，即便是一般的外表也会取得良好的外在形象效果。

吸引伯乐。时常保持微笑的女人不仅魅力十足，而且让别人印象深刻，也会把事业上的伯乐的眼光吸引过来，助你一臂之力。

改善运气，创造财富。大家可记得原一平先生？原一平先生的笑容在给客户带来欢乐与温暖的同时，也给自己带来了巨额的财富和一世的英名。他的故事被誉为保险业的神话，他的微笑后又被商界誉为"价值百万美元的微笑"。原一平先生在启示年轻人时，也常常讲到"微笑是人际交往的通行证"，因为他一直信奉，不管客户怎么样，你都不要忘记微笑——真诚地微笑。没有人会拒绝一个很真诚地向他微笑的人！有了这个先决条件，你已经离成功不远了。成功的交谈，成功的交往，成功的微笑。

温柔虏获人心。微笑是女人的招牌，女人的温柔、妩媚、性感，都可以在笑容里尽情体现！女人的笑对男人来说有特殊意义，在美国心理学家巴霍洛夫斯基看来，笑是女人征服男人的最佳方式。羞涩的笑包含着女性深藏在心的对情人的爱；温柔的笑容会让怒发冲天的男人也没了脾气；妩媚的笑让男人不自觉地拜倒在你的石榴裙下。

微笑时面部五官的积极调动，首先应该放松下巴，双唇张开，拉开嘴角，仅做到这一步是皮笑肉不笑，最具有感染力的微笑还应该继续：上提面肌，露出6~8颗牙齿。

怎样拥有一个迷人的微笑，让你的微笑征服这个世界呢？

微笑是通过面部下1/3的口唇周围肌肉运动及眼睛放出光彩来完成的。愉快的微笑是我们非语言交流的特定方式之一，它表达了人们高兴、喜悦的心情，一个漂亮的微笑可以显示健康与自信。而显露出八颗上牙的微笑被认为是最美的。

微笑操练步骤是：

站在镜前，开始慢慢微笑。从小到大逐渐增大，然后从大到小，每个状态持续十秒，并重复几次。这个练习中，肌肉通过整个运动区域中重复地练习而得到锻炼。

再是进级练习，包括通过抵抗手指的指力来结束微笑。这样可增加口周肌肉的力量与紧张性。做完一个完满微笑后用手指用劲按住口角，然后慢慢地抵抗手指的力量闭唇直至不笑。坚持练习四周，则能够拥有一个迷人的微笑。

态度提升优雅格调

格调

态度决定一切，让你成为高雅的艺术家，态度是关键。

高雅是一种艺术，女人的声音不一定好听，但一定要艺术，有些女人沙哑的声音也能制造出磁场来。谈吐是女人风度、气质和优雅的表现。女人的谈吐除了讲话的内容外，讲话的姿态、表情、语速、声调等都体现一种艺术。优雅女人知道该说的话说，不该说的话不说。说话像泼妇骂街、唠唠叨叨、道人闲话、说三道四、粗俗不堪的女人只会令人厌倦。

生活中，亦是如此。我们出去逛商场，买东西，如果碰上一个态度不好、满脸怒气的女售货员，一定会打心眼里排斥她，暗暗发誓，再不到她这里来买东西；如果幼儿园的阿姨没有笑容，老师没有笑容，孩子和学生是一定不会喜欢她的。

女人的微笑不但可以给别人带来轻松愉悦的感觉，就是对自己的心境也有着积极的作用。每天对着镜子对自己笑一笑，告诉自己是这个世界上最好的女人。无论在外面遇到什么事情，都要善待自己，就算在外面看不到别人的笑容，也会天天看见镜子里自己的笑容，给自己信心，给自己勇气，给自己快乐！

因此，女人与其把大量的精力投放在美容养颜上，倒不如把时间用在培养自己好脾气、好性情上，让自己的脸上每时每刻都洋溢着自信而善意的笑容，那将是对容颜最美的修饰，因为它包含着无限的美德和真情。

　　说起来，魅力是一种复合的美，是通过后天的努力与修炼达成的美，它不仅不会随年岁的改变而消失，相反它会在岁月的打磨之中日臻香醇久远，散发出与生命同在的永恒气息。生活中，我们往往看到这样一种现象，那些让我们感受到魅力、动人心弦、耐人品味的女人，那些言行举止值得我们关注的女人，往往并不是貌美惊人的女人。唯有魅力，而不是漂亮和美丽，是任何一个女人都可以争取和拥有的。

　　女人言谈举止落落大方，讲话文明，能耐心倾听他人讲话，不随意打断，不随便接话。所谓"谦受益，满招损"，能干又谦虚的女人体现她有良好的修养，有修养的女人才能得到更多人的尊重。

　　有感情的声音如一缕阳光，感动男人们的情怀；饱含温情的声音，如一缕春风，温暖男人们的胸怀。发挥女人与生俱来柔情似水的天性，去制造声音抑扬顿挫、欲言又止的磁场，在磁场里，女人的感性将成为一个被关注的焦点，产生强大的磁力。

　　说粗话的情况并非仅存于中低劳动阶层，有许多学识深、地位高的"高级人士"在自己遇到稍微不顺心的事时，也会用一句粗话来发泄自己郁闷的情绪。其实发泄的手段和方式有很多，说粗话只是下下策。身为女人，一定要远离这类话语。一句粗话会让一个穿着端庄、容貌秀丽的女士形象顷刻之间大打折扣，让人忘记了她所有美好的东西而只记住这句粗话。

　　就像每个人都有他的习惯动作一样，几乎每个人都有自己的口头禅。它在不知不觉中，已构成所谓个人形象的一部分，甚至是重要的一部分。语言的风格是个人文化素养的体现，挂在嘴边的口头禅所属的语言风格，会让人很自然地把你与这种气质联系到一起，"谢谢"、"对不起"等文明、有教养的词汇让人感觉到你的举止文雅、高素质。夹杂着"说实话"、"坦率地讲"等短语的说话者很容易取得别人的信任。总是把"无聊"、"没劲"挂在嘴边的也会让别人感觉到他的颓废、疲惫和无追求。而开口便是"他妈的"、"神经病"等口头禅的人，就更不用说了，自然让人觉得粗鲁无教养，进而想远离他。

优雅女人懂得抓住机遇

机遇

契机、时机或机会，通常被理解为有利的条件和环境。

现在的你觉得什么事对自己来说是最好的机遇呢？

是什么让你有了开始，是什么时候开始的？

你认为恰好机会来临的时候，是什么时候？这些又是什么时候结束的呢？

这些都需要什么，怎么样去准备比较好呢？

"万事万物都有其存在的意义"，肯定你的人生，你对你人生的理解也将深化。尽量去避免那些消极的情感。闷闷不乐、焦躁不安、抑郁寡欢诸如此类的情绪实为常见。当你意识到你自己闷闷不乐的时候，安慰自己说"这样也OK啊，也有意义嘛"，自然这种情绪就不会带来更多的负面影响。这也就是说，所有发生的事情都是有其存在的必要性，但是任何发生的事情都可以人为地将其转变为机遇。

这种想法有助于减轻你的心理负担，改变你的行动。对自己的信赖是同自信紧密相连的。随之而改变的是你的表情，还有你日益健康的身体。"任何时候都没有问题"的自信，也能影响你周围的人。自信的人会给周围的人带来一种安全感。我身边有很多笑靥中带着几分从容和几分轻松的女性。正是因为她们深刻了解最好的机遇随时都能发生，所以把事情看得那么坦然和淡定。

当事情不按照你想象的去发展的时候，当事情不能很好地被完成的时候，停下来，就在原地思考更好的解决办法。即便是事与愿违，你也可以告诫自己"此时此刻时机不对"，这样你便能把自己从抑郁和停滞不前中解放出来。任何时候都有好时机，不要说"为什会这样"这类抱怨的话。一定相信自己可以成功。

假如你突然换了工作，人生有了变动，对于任何人而言接下来要发生的事情都不可预知，对于新的生活多少有一些不安。其实不需要那些没有必要的害怕，在心里告诫自己"该来的时候会来的"。如此一来，无论发生什么，你都将义无反顾地向前。而现在，你只需要怀着一种轻松的心情去接受。所以客观地看待这一切，即便有些辛苦，也要快乐地接受。以这样的视角去看待问题，人生将变得更加有意义。

有智慧眼光的自信女人能够从琐碎的小事中发掘出机会，而目光狭窄的女人却轻易地让机会像时间一样从眼前飞走了。有的人在其有生之年处处都在寻找机会。他们就像千里马找伯乐一样，寻找一个展示自我，提升自我的平台。对于有心成功的女人而言，每一个她们遇到的人，每一天生活的场景，都是一个机会，都会在她们的知识宝库里增添一些有用的信息，都会为她们的个人能力的提高注入力量。

机遇来了要抓住

伟大的成功和不俗的业绩，永远属于那些有准备的人，而不是那些一味等待机会的人。机会的出现就如同我们说的天时、地利、人和一样，在它还没来到之前，就应该时刻为了迎接它的来临而进行准备。年轻女性更应牢记，良好的机会完全要由自己创造。平时需要积累知识，拓展人脉，丰富阅历，更要照顾好自己的身体。不要总是抱怨上帝不青睐自己，给自己时间，放松心情平静下来。一旦机会降临，轮到自己的时候，一定要眼疾手快，紧抓不放。不要以为机会总是在远处等着自己，你随时都可能与它擦肩而过。

此时，你是否能以你的慧眼看清它呢？你是否能凭自己的好运和本事抓住它呢？不要以为机会像一个到你家里做客的客人，会提前敲响你家的门，等待你开门把它迎接进来。恰恰相反，机会是一个不可捉摸的精灵，无影无形，无声无息，假如你不用苦干的精神努力去寻求它，也许永远遇不到它。如果把机会比作坚固的门，把没加修饰的自己比作一把铁锹，那么当机会来临的时候，坚固的门是用铁锹打不开的，只是白费力气而已。如果多花点时间，积累一些经费把自己变成一部重工拆迁车，再坚硬的门也不费吹灰之力就可以搞定。幸运每个月都会降临，如果你没有准备去迎接它，就可能与之失之交臂。

Chapter 5　优雅女人也可以另类地生活

优雅的女人知道什么适合自己，即便是另类地生活，也能让别人觉得优雅。事实上，优雅也象征着懂得生活。懂得生活、知道什么最适合自己的女人才更吸引人。

设计一个代表你自己的符号

设计

设计是把一种计划、规划、设想通过视觉的形式传达出来的活动过程。

让我们来察觉一下"自己都不知道的自己"。

请回想一下你经常被人怎样形容？

这些褒贬不一的形容词当中是不是有一些让你意想不到的内容呢？

即便是同一件事情，自己看到的一面有时候也和别人看到的那面不同。当意见不同的时候，很自然地，双方就会产生隔阂和矛盾。这时候何不尝试接受别人对你的评价呢。首先进行自我分析，为什么会让对方产生这种印象，是不是这种连自己都察觉不到的一面根深蒂固地被隐藏在心里的某个角落，甚至影响到自己的生活和工作呢？如果确实存在的话，是不是需要改正？如果并非对方所说的那样，我们也没有必要为别人来改变自己。所以这个前提就是要培养自己客观、正确地对待周围的人和事，这样才能理智地处理各种人际关系。引用古人的话就是"以人为镜，可以明得失"，就像照镜子一样，别人的评价是审视自我的一个工具，我们应该学会灵活地应用和取舍。

当很多事情杂乱无章地混在一起时，如果能在事前对自己的性格特点有一个很好的把握，知道如何去更好地处理它们，你会越发了解如何让自己的才能变得更强。

德尔菲娜·阿尔诺·甘西亚（Delphine Arnault Gancia）的父亲是世界第一大奢侈品集团LVMH（路易·威登）董事长伯纳德·阿尔诺。她身家260亿美元，毕业于伦敦经济学院，后加入全球著名战略管理咨询公司麦肯锡公司，2000年进入路易·威登集团，28岁时成为集团董事会唯一的女性成员。

现在的你，可能不能马上了解那个潜在的自己，当你遇到一些事或是遇见了不同的人将会激发出你新的、未知的那一面。其实不管是谁都会有无限的潜力没被挖掘出来，只是我们一直在原地踏步，从来不去尝试自我挖掘。拿我自己来说，没去留学之前一直是衣来伸手饭来张口，不知道父母挣钱的辛苦；出国之后，经历了找工作的艰辛，挣钱得不易，曾经没有自信的自己有一天忽然发现，无论是生活费，还是学费都可以靠自己的努力挣到。逆境中的成长，激发了我内在可以吃苦的潜力，培养了自信心，学会了如何理财。

当然自我挖掘的前提是要有坚强的、乐观的心态。我有一位同学，出国之后由于语言不通，找不到工作，生活清贫艰苦，与同住的室友关系不和谐，每天打国际长途向平日娇纵自己的父母诉苦，结果没过一年，什么也没有学到的她就打包回国了。这种情况虽然并不多，可是却反映了现代部分年轻人心理承受能力的脆弱。如果你是一个还不够了解自己的人，那么在尝试挖掘自己之前，请首先学会用一种正确的观念审视自己，然后请你周围的长辈和朋友对你做一个评价吧。如果上述的两方面已经完全做到了，那就请尝试去挖掘自己的潜力，你将会显现出前所未有的能力。你的人生将不可限量。

大脑是带领我们驶向目的地的优秀领航员。那些曾经读过的知识书刊、见过的优秀人物、去过的名胜古迹，还有所有经历过的事情，都潜移默化地影响着我们对未来蓝图的规划，自然地激发出各种憧憬和想象，将未来的自己展现在我们眼前。所以，如果在我们的大脑里能显示出一个清晰的自我定位和未来自我画像的话，就不会总是迷路，而会以加速度行驶向前。如何更好地了解自己，知道自己想成为一个什么样的人，就需要审视自己的优缺点，清楚地描绘出未来轨迹，为自己开启那道通向理想的门。

优雅女人要学会认识自己

认识自己

认识自己，就等于和自己交个朋友。

大多数人从孩提时代就开始被人一遍又一遍问道："你有什么

样的优缺点呢？"每个人都会对自己有不同程度的了解，但是，是不是能百分百地了解自己呢？

我有个朋友因为毕业要找工作，跑来向我咨询。我问她你想要做什么样的工作，她的回答是找一份安定舒服的工作，改变现在贫困的状态。于是我继续问："你到底想在哪个行业里发展呢？"她说："我也不太清楚，从没有考虑过这个问题。我只想安安稳稳地找一份工作，再找个男人结婚生孩子。""你的特长和爱好是什么呢？对于你来说什么最重要？"我接着问。"我也不知道。"她回答说。我再问："如果让你从秘书、教师、营销三个职业中选择一个，你选哪一个呢？""我也说不准，还没仔细考虑过这个问题。"她回答。我发现她对自己所具备的才能和特点并不了解。现在的大学毕业生中有很多都处于这种迷茫的状态，不知道自己想干什么，不知道自己喜欢做什么，也不知道自己到底能做什么。但是如果你真的想要做点什么的话，请现在就开始了解自己，培养自信心，为自己做决定。

俗话说"三岁看老"，这是从孩子无意识的行为预见她/他的将来。可是我们每天都在成长，当无意识的行为成长为有意识的思想范畴时，你真的能够完全看透自己吗？如果答案是否定的，那就需要我们从以下几个角度来进行分析。

站在自己和他人的角度观察自己。

自己的优势和强项在哪里，尽可能多列举一些。

自己的弱点又是什么呢？

将自己觉得不擅长的、不会的、感觉比较困难的列举出来。

首先，要努力认识自己，实际上是自我不断成长的过程，但怎样才能认识自己，是一件令人"伤透脑筋"的事。不光要认清自己的内在素质，还要了解外在因素。比如时常问问自己：我是谁，我有怎么样的性格，我有什么天赋，我需要什么，我能做什么，等等。站在自我角度分析自己，这只不过是认识自我的某一部分，只要经常自我反省、自我观察，就可以得出适当的结论。以他人的角度审视自己，方式有很多。比如通过与家人及周围朋友的促膝长谈，通过向老师和前辈谦虚请教，还可以通过对手的冷嘲热讽等多种途径对自己做一个客观的评价。

事实上，不是所有特点都是与生俱来的。比如，烹饪、驾驶、外语、手工艺，等等，可以列举的特点越多，自己的优势和劣势就越容易看清楚。想要更好地了解自己，首先就要学会了解自己的兴趣是什么。

兴趣就是个人爱好，它不同于个人能力，它可以是与生俱来的，也可以是后天学习的结果。兴趣可以激发人去从事某项活动，但有兴趣不代表有能力做得好，也不一定可以预测在此项事物上会成功、有成就。例如，有些人喜欢五颜六色的服饰并极有兴趣讲究它们的特色和搭配效果，但是不一定有能力成为设计师；还有些人喜欢挥毫泼墨，通晓古今书法，却成不了当代书法名师。现在有很多朋友不知道自己的兴趣是什么，其实我们可以注意一下日常生活中自己喜欢做的是哪些事情，什么样的事物会对自己产生吸引力。如果现在还不清楚自己的兴趣，也可以进行多方面的尝试，体会自己的感受，与某些吸引你的事物做更深、更广的接触，如果真是你的兴趣所在，将会因了解越多，越被引发出内心的共鸣。如果你的兴趣能配合你所从事的工作，不仅能让自己从工作中享受乐趣，也能使自己在做事时发挥更大的创造力和潜能。兴趣与成功是密不可分的，一个人对感兴趣的事会愿意投入更多的时间、精力，一旦遇到阻碍也较容易去面对和克服。

其次，要学会发现自己的优势和劣势，并试问自己："劣势有可能变成优势吗？"比如，有的人发觉自己是个不喜欢表达内心的好恶、不愿发表自己的意见和观点的人。为什么是这样呢？因为你有经常"顾及到别人情绪"的优点呢，还是本身的性格胆小懦弱、不善言辞呢？如果是前者，那就需要你考虑一下是不是需要在适当的场合发表一些感言和意见。如果是后者的话，就请你试着锻炼自己的胆量，多与人交流，改变现在的劣势。无论谁都是优点与缺点并存的。我们并不需要将其一个一个地拿出来评述，只要自己能够清晰地看到，并通过这些优缺点更加深刻地了解自己就够了。这就像在商场挑选适合自己的衣服，合适与否完全是你对自己身体和气质的一个定位。所以怎样恰到好处地运用你的优势和劣势，决定权在于你自己。

再者，你能做什么和不能做什么？能做的东西就是你的一个优势，它会让你的理想更快地实现。不能做的东西虽然不能称作劣势，但是正因为你的不能，却给了别人恰到好处施展才能的机会。是不是要学习更多的知识，来弥补自己的劣势呢？

了解了自己的兴趣爱好和长短处，在工作、生活中，就会目标明确，扬长避短，放弃不适合自己的机会，顶住金钱、地位的诱惑，逐步走向成功。

肢体语言，让动作雅致起来

肢体语言

修炼女人味，至关重要。

女人的正确呼吸：吐气如兰

女人的优雅静态：站如荷，坐如竹，卧如梅，走如菊

女人的站姿——婷婷玉立

好的站姿对女性来说很重要。站，不仅仅是一个人最基本的姿态，而且也是女人优美举止的基础。能体现出一种优美典雅的气质。"亭亭玉立"的女人总能给人无限遐想，高洁如荷，骄傲如梅。在一个人没有开口说话的时候，站姿便表现了她内在的精神。

亭亭玉立是一种挺拔而不僵直、柔媚而又富于曲线的娇美姿态，展示了女性形体线条美，体现了女性的端庄、稳重和大方，给人娴静、含蓄、深沉的美感。

优美站姿的要领与方式。

1. 胸腔抬起离开骨盆，腹部往脊椎方向吸，保持均匀的腹式呼吸。

2. 两脚跟并拢，成"小丁字"步，身体重心要落在前脚掌。

3. 双手相叠加（右手在上，左手在下），轻放于胃部与腹部之间。

4. 头部端正，目光平视之后，略微垂视。

5. 下巴微微往里收，感觉好像有一根线从头顶穿到脚底，并

感觉有人在头顶向上提。

最优美、高贵的站姿都是一种习惯和自然的流露，而不是故意摆出来，显得生硬而不自然。所以为了表现女性特有的风韵和自然的气息，你不妨在家中勤练下列几个动作。

（1）胸腔抬起练习

这是最基本的动作，在家里的任何地方，在任何自由的时间都可以练习：胸腔抬起，离开骨盆，胸部挺直，双肩自然下垂。保持这样的姿势，每天至少十分钟，然后逐渐延长时间，进而将此动作纳入平时的站姿中，保持尽可能长的时间。坚持两周半左右会逐渐固化成为习惯。

（2）胃、腹部收紧练习

常练习这种动作不但有助于仪态美，同时更有助于身材的优美：首先还是要胸腔抬起，离开骨盆，然后胃、腹部开始有规律、同步调地收缩、松弛，每天至少200次（大约两分半钟完成）。此种练习每天如果增加至三个200次（早、中、晚各一次），可以在一周内迅速消除胃、腹部间的赘肉，恢复苗条匀称的美丽身材。

（3）丁字形站立状态练习

站在穿衣镜前，胸腔抬起，离开骨盆，腹部向脊椎方面吸，一只腿在前，一只腿稍后，前腿脚后跟抵住后腿的脚窝处，双腿夹紧至毫无缝隙，双手相叠加（右手在上，左手在下），轻放于胃部与腹部之间，每天坚持至少十分钟。

（4）丁字形休息状态练习

丁字形站立状态休息时，可保持后面腿的膝盖部略微弯曲，但紧贴住前面腿的膝盖部。这样的休息站姿，因为增加了背部的优美线条感，可以充分体现女人的优雅高贵气质。

在与人交往时，站姿表现了女人的高贵形象。很多时候，你做出什么样的姿势，就会有什么样的精神状态。注意自己的站姿，不止会给别人留下一种优雅、高贵的印象，自己也会变得神采奕奕。富有修养的站姿，不仅要挺拔，还要优美和典雅。

女人的坐姿——高雅脱俗

女人的坐姿是千姿百态的，从这些婀娜的姿态中能看出女人的性格。美国行为分析学家玛仙露西·菲尔指出：无论你坐着还是站着，双脚的摆放位置会泄露你的性格的某些特征。所以从坐姿和站姿的细微区别中可以猜测对方的性情轮廓、为人处世的方式。

坐姿如何，是影响形体美的一大要素，坐姿不端，在别人的心目中会留下一个缺乏教养的印象。平时坐在椅子上，身体可以轻轻贴靠在椅背上，背部自然伸直。与客人谈话时，椅子坐得很浅，就显得你比较拘束，以脚用力着地来平衡身体，时间稍长就会觉得酸。这样坐，背部微驼，下巴突出，体态也不美。所以一开始要坐在椅子2/3处，背部保持直立，双腿并拢略倾斜，使你显得优雅而又从容。正确的坐姿与正确的站姿一样，关键在于腰。使女性体现稳重端庄、落落大方的坐姿要点如下。

1. 面带微笑，双目平视，嘴唇微闭，下巴微收。

2. 胸腔抬起离开骨盆，上身自然挺直，双肩平正放松。

3. 两臂自然弯曲放在膝上，亦可放在椅子或沙发扶手上，掌心朝下。

4. 双膝自然并拢，双腿正放或侧放，双脚并拢或交叠。

5. 翘腿时注意重心及礼仪，如右腿压在左腿上时，身体重心应在右臀部，反之，换腿也需更换身体的重心位。同时，切记不要将脚尖直接翘向谈话对象。

优美的坐姿是在生活中磨炼出来的，而不是只在公众场合表演给别人看的。如果不能养成固定的习惯，那么偶有不慎，就会故态复萌，不自觉地露出失仪的动作，那高贵的气质又如何体现呢？

女人的走姿——款款轻盈

走姿是站姿的延续动作，是在站姿的基础上展示女人的动态美。无论是在日常生活中还是在商务、社交场合，走路往往是最引人注目的身体语言，也最能表现一个女人的风度和活力。

每一个女人都想拥有流云般优雅的步态，款款轻盈的步态是女性气质高雅、温柔端庄的一种风韵。雅致女人的举手投足应该尽显优雅，从容不迫，高贵舒美。优雅高贵走姿的要点如下。

1. 胸腔抬起，离开骨盆，腹部往脊椎方向吸，保持均匀的腹式呼吸。

2. 目光平视前方，神态平和，脚尖向前，重心在脚尖上。

3. 双腿有节奏地向前迈进，双臂在身体两侧自然摆动。

4. 在此同时，手的摆动将带动整个上身，使脚步平衡。

5. 穿平底鞋走路时，皆以脚跟先着地。

6. 穿高跟鞋走路时，让脚尖先着地，有点像跳芭蕾舞时走路的姿态，这样就会感觉脚步轻盈优雅。

7. 不摇晃肩膀和上半身，夹臀。

8. 夹着一条线的感觉来走（内、外八字走都不雅观）。

走姿美是一种说不出来的迷人魅力，其实魅力的走姿是不容易的，类似鸭子或垂暮之年的人的走路法，纵使衣着再优雅也毫无美感。优雅的走姿是女人高贵气质的重要一部分，一个相貌平平的女人，如果能有优雅高贵的走路姿势和风度，也一定能成为别人眼中一道靓丽的风景线。

女人的蹲姿——妩媚含蓄

欧美国家的人认为"蹲"这个动作是不雅观的，所以只有在非常必要的时候才蹲下来做某件事情。日常生活中，蹲下捡东西或者系鞋带时一定要注意自己的姿态，不可以弯腰、垂头、翘屁股，尽量迅速、美观、大方，以防春光外泄。

蹲姿的基本要领有以下几点。

1. 站在所取物品的左边，一脚前一脚后地蹲下屈膝。

2. 不垂头，也不弓背，慢慢地把腰部低下。

3. 两腿合力支撑身体，掌握好身体的重心。

4. 臀部向下，捡起地上的物品。

女人高贵的上下楼梯姿势

张曼玉在《花样年华》中，身穿瘦身高腰旗袍，挽起高高的发髻，缓缓地、高贵地从楼梯走下来，身材的曲线随着她每往前跨一步就自然地张扬一下，那种美不仅震慑了男主角，也让观众久久不能忘怀。

生活中也许你无法把旗袍穿得那么摇曳生姿，但是你完全可以在上下楼梯时表现得像她一样高贵。正确的上下楼梯要点如下。

1. 胸腔抬起，离开骨盆，背部挺直。

2. 头抬高，臀部收紧。

3. 手放在扶手上，步伐缓慢。

4. 脚步声轻微，双脚踩实楼梯。

5. 不可以习惯性弯腰看脚下。

女人漂亮的上下汽车姿势

身穿盛装，白马王子为你打开车门，你撅着屁股连滚带爬地爬进爬出车门，尴尬狼狈不说，同时也一定会成为大家的笑料。保持优雅上下车姿势的要点如下。

1. 上车时，侧身进入。

2. 切不可让头先进入。

3. 下车时也应侧身而下。

4. 脚先伸出车门，头部随着伸出去。

5. 立即起身站立。

6. 动作需及时连贯。

女人的高贵肢体气质美是一种香水。香水是无数花蕊成就的一段精华，却不再与美颜有关，现在是无色透明的了。女人真正的美是肢体气质与形貌、内涵与品行高度结合，愿我们每一位女性都有自己独具特色的高贵肢体气质魅力。

提升高贵气质可以不用钱

高贵气质

描述人物，物品，地位，思想等方面的出众品质。

不要以为脂粉涂饰的外表，就能遮掩住一切性格和人格不好的东西。修养的高低与好坏，会给人以充分的感受：是温文尔雅，还是谦卑忍让；对人不温不火，还是不卑不亢；是急不可耐的猴样儿,还是死皮赖脸的熊态……一个人没有修养,是很可怕的事,尤其对女人而言,简直不可想象。一旦失去修养,人就会变得不可理喻,母性的光采,也会黯然地消退。有修养的女人永远都潇洒从容、举止得体、儒雅大方,不管是顾盼神飞,还是举手投足,都让人心生怜爱与敬佩。这样的女人,才是受男人欢迎的女人!

那么,有修养的女人应该是什么样子呢?

有修养的女人不会孤芳自赏、故步自封。她会以一颗善良之心关注社会,以自己卓尔不凡的风范和行为对别人产生影响。

有修养的女人,看见别人发生不幸,绝不袖手旁观,更不会恶语伤人、奚落对方,她总是以一颗真诚的心全力以赴地给予同情和支持。

有修养的女人开会、赴约,乃至做客,从来都不会迟到。她具有较强的时间观念,尊重对方,即使无意的迟到,也会尽可能减少对他人造成的不良影响。

有修养的女人善于分清主次,权衡利弊,不会因为一点小的打击或难言的心事而和朋友断绝关系,更不会因为一旦有事,就吵吵嚷嚷,咋咋呼呼。

有修养的女人遵守诺言,即使遇到困难也从不食言。一诺千金,也是有修养女人的杰出风范。

有修养的女人尊重别人的观点,即使她不同意,也从不会出言不逊,更不会把自己的观点强加于人,而是陈述理由,说明不同意的原因。

有修养的女人从不生硬地、断断续续地回答别人的问题,更不高声说话。她们永远和蔼可亲,遇事不温不火,眼观六路,耳听八方,斟酌且辨别,思索加考证。

有修养的女人在与人交往时，无论是工作还是休息，从不强调自己的职位，从不表现出自己的优越感。从不打断别人的讲话，在同别人谈话的时候，总是看着对方的眼睛。

只有这样的女人，才能在庸脂俗粉中展现自己超凡脱俗的气质和品格，高雅绝伦，美艳清澈，使女性的光彩不断提升。

女人追求修养，男人追求有修养的女人。

"有美人兮，见之不忘，一日不见兮，思之如狂"。女人是水做的，或柔情似水，或妖娆妩媚，或风姿绰约。可只有"窈窕淑女"，才引得"君子好逑"。

何谓"窈窕"，是说那些有修养的女人：举手投足，含情脉脉；待人接物，彬彬有礼；谈吐高雅，行为端庄。试问，这样的女人，哪个男人不想追求呢？

女人如花，有修养的女人就像一朵华丽而芬芳的花，让人心旷神怡，把美丽化作永恒，把至真至纯的母性与温婉娴熟相糅合。随着年华的不断老去，心灵的日渐成熟与净化，她们依旧保持着优雅坦荡、高雅从容的气度。蒙娜丽莎淡淡的微笑，毫无保留地诠释出女性矜持却大方、优雅不做作的修养之美。

装扮你的家，不做邋遢女人

家

装扮你周围的气氛，装扮你的家。

好男人不能让女人太累，而好的女人同样也不能让男人太辛苦。没有了理想，没有了信念，只剩下心的漂泊，男人和女人一样，怎么能拥有一个和谐的家庭，怎么能继续前进呢？一个成功的男人背后，总有一个永远支持他的女人。这样的女人，就是拥有美好的信念、用信念指引自己、指引男人成功的典范。

丈夫辛勤工作了一天回到家中，希望感受到一种怎样的气氛呢？哪一种家庭环境能让他恢复精神，第二天早晨信心百倍地去工作呢？对于你丈夫的事业成败与否，这些问题的答案比你想象中的重要得多。

任何一个家庭都需要具备一些基本要素，有了这些，男人们就能够以最高的效率工作。

1. 轻松

就算一个男性对自己的工作热爱得无以复加，但在某种程度上来说，工作仍会带给他紧张情绪。如果这些紧张能够在他回家后消除，那么不管是他的内心情感，还是身体机能都会得到放松，第二天会用更饱满的热情投入工作。

当看见辛辛苦苦收拾干净的客厅被丈夫弄得乱七八糟，丢满了报纸、烟头、眼镜盒，还有其他各种东西，妻子常常会有一种冲动，想拿一把钝器狠狠地修理他。但是在大骂他是个没良心的家伙之前，我们不要忘记，只有家里才是唯一能够让他恢复自我、放松心情的地方。

2. 舒适

妻子在装饰和布置家庭时必须牢记，男性最需要的是舒适。女性眼中迷人的东西——精致的桌椅，柔软的毛织物以及过多的装饰品都会让一个身心疲倦的男性厌烦，他急切渴望的是一个搁脚、放烟灰缸、报纸的地方。如果你见过单身汉的房间，就不难知道男性喜欢的布置方式。

假如你的丈夫时常会破坏你辛苦布置好的家，这可能说明你布置的方式有问题。他是否会随手乱丢报纸？可能是茶几太小，或者茶几上摆满了装饰品以至他找不到放报纸的地方。他是否会将烟灰"到处乱弹"，让你不能忍受？那么，为他多买几个大型的烟灰缸。他是否会经常把脚放在你精致的脚凳上？那么，为他买个牢固的、塑料的脚凳。

如果一个男性在家里觉得很舒服，就不会想到别的地方去。

3. 有秩序和清洁

如果家里是这样的情形——很少准时开饭；早上的盘子到了晚饭时间还在水槽里没有洗；浴室里堆满脏东西；卧室也是乱七八糟，没有整理，这种混乱的状况会使男性离开家去饭店、酒吧。对大部分男性来说，他们宁可住在收拾整齐的茅草房里，也不愿住在遍地狼藉的漂亮屋子里。他们除了可以忍受自己的凌乱之外，几乎没有办法忍受别人的不整洁。

4. 愉快、祥和的气氛

妻子们往往不希望丈夫的身体和精神完全被工作占据，但同时又希望他们努力工作，争取最好的表现。如果我们创造出快乐祥和的家庭气氛，就能够让他们在两方面都达成愿望。

应该努力使丈夫觉得，在这个家里，他就是国王，而不是娇贵的女性王国里那个笨手笨脚的破坏专家。当家里需要重新装饰，或者需要一件新家具时，应该和他一起商量，征得他的同意，不要仅仅是让他拿钱。如果丈夫想亲自下厨做菜，不妨在周末让他自由表演，哪怕他会留下堆积如山的锅碗瓢盆让你清洗；如果你的丈夫想买下摇椅，你就该放弃自己喜爱的古典沙发。也许你会觉得不公平，但是最终你会发现，他对这个家的喜爱日渐加深。男性和你一样关心家庭，因为他需要一种感觉——这个家少了他就不完整。而且，如果他能够参与到更多事情的决定权，他会觉得家庭的意义十分巨大。

有一个女孩子十分擅长用很少的钱装饰出最好的屋子。她采用温柔甜美的色调、一碰就碎的工艺品布置房间，散发出精巧别致、迷人、几乎完美的味道。可是她的丈夫是浓眉粗发、高大的、整日烟不离口、极具男子气概的人，他在这个完全女性化的环境中觉得十分不自在。每当他的朋友和同事来拜访，他总是去饭店招待大家，尽管他非常爱自己的妻子。这个女孩不断地抱怨这种情形，但她仍然不肯为了丈夫改变自己的装饰风格。

会品酒的女人，更能赢得目光

品酒

品酒并不是喝酒，品酒是一门学问。譬如欣赏一幅画、听一首音乐，如果你没有美术和音乐的修养，就不可能说出它们的好坏。

极致女人除了美貌，还要有灵魂，否则便会沦为花瓶。女人要美丽，女人更要智慧。唯有智慧能重赋美丽，唯有智慧能使美丽长驻，唯有智慧能使美丽有质的内涵。女人用自己的智慧演绎着人生，创造着生活，丰富着人类的精神家园。没有她们，世界将是残缺的。她们使世界更完整，给人间以温暖和爱。智慧女人，送给了人类另一双眼睛、另一轮明月。

女人可以没有姣好的容貌，但却不能没有如水的柔情；可以没有曼妙的腰肢，但却不能没有和蔼的修养。年华会逝去，容颜会苍老，美丽的外表终有褪色的一天，但修养不但不会消逝，反而会随着女人的年龄和阅历增加而越来越隽永。拥有良好修养的女人才是最美的女人。

如果你已经具备一定的社交能力，那是再好不过的；如果没有，就必须训练自己学会这种能力。每个妻子都有责任让自己具备丈夫事业上需要的社交能力。如果妻子有能力和旁人友好相处，那么不管丈夫从事的是何种职业，都可以大大增加丈夫成功的机会。

如果你认为自己的丈夫现在只是从事着低层的工作，并不需要你的帮助，那就大错特错了。没有人一开始就站在顶峰，看看工商界以及其他领域的知名人物，他们从前也不过是毫不起眼、无人知晓的年轻人而已。10年、20年或者30年以后，你的丈夫说不定已经是个顶尖人物了。你是否已经准备好为他建立一个好名声？立刻开始吧。

如果妻子因为赶不上丈夫前进的步伐，而被丈夫遗落在身后，那她并不值得同情。这种人要么太懒惰，要么就是不肯用心改进自己，即使她身边围绕着无穷的机会。

没有人能够预知将来的情形，但是聪明的人会做好准备，等待机会来临。在你的丈夫得到成功的机会之前，提前学习一个基本方法，就是如何结识新朋友，以及如何与朋友和谐相处。不管你丈夫从事何种职业，也不管他的社会地位怎样，这种技巧可以永久地帮助他。如果他不擅长待人接物，他的妻子就可以帮他弥补这个缺陷；如果他的社交能力很强，在自己的朋友圈里相当机智，也免不了需要妻子的帮助，因为有时候，他也许会显得荒谬可笑。

男性常常因为工作繁忙，而不能建立一种温馨的人际关系。如果他拥有一个友善和气的女性做妻子，无疑是非常幸运的。这样的女性是无价之宝，无论走到哪里都能建立起一种温暖人心的气氛。这样的妻子就是丈夫派到世界各地去的亲善使者，不管丈夫的事业怎样向前迈进，她都不会被遗落在身后。和大部分的技巧一样，这个技巧也需要经常练习。在这方面有很多办法，都非常简单，可以使一个女性能够轻松自如地学会，从而带给丈夫良好的社会基础。

作为妻子，必须防止成功后的丈夫骄傲自大——这是另外一件非常重要的事，做到这一点，就可以造就出理想的丈夫。但是做好这件事必须讲究技巧，否则会带来不好的后果。

任何一个女性只要做到这些，就完全不用担忧自己会成为"被丈夫遗落在身后的人"。

那绸缎似的温柔

专家们曾经说过，一个妻子如果能够让丈夫觉得幸福快乐，他就能够更好地在事业上取得成功。一个成功的丈夫和一个温柔可爱的妻子总是能够联系在一起。

但是让人奇怪的是，许多深爱丈夫的女性却不知道如何让自己的丈夫得到幸福快乐。尽管她们内心深处蕴藏着天底下最浓的爱恋，却往往做着这些错事：当丈夫要出门的时候，仍然紧紧缠住他不放；当应该安静下来听丈夫说话的时候，仍然喋喋不休；当处理家庭事务时，又像个严厉的军训教官。

其实想要得到男性的欢心并不困难，远远没有女性装扮自己需要的心思多，只要像准备一次舞会那样机智、肯动脑筋、肯努力就可以了。当然这样并不是说，我们不应该打扮收拾，而是想提醒那些过分注意自己装扮的女性，不要忘记表现出自己对丈夫的关心。那些懂得如何获取丈夫欢心的女性，完全不必担心自己失去了迷人的青春、姣好的身材，因为她们能够牢牢地抓住丈夫的心。

对一个男性来说，只要他觉得舒适，并能按自己的想法从事喜欢的事，他就会感到快乐幸福，所以妻子们很容易就能做到这些。当然，这句话的意思也包括，让自己喜欢丈夫的消遣和娱乐方式，按照丈夫的喜好改变自己。不管我们怎么做都应该明白，只要丈夫觉得快乐幸福，那么他在社会上获取成功的机会便更大。

女人可以优雅地变老

变老

这是一个残酷的话题，但终究有一天我们会谈到。

成功做到优雅变老的诀窍是什么？这是过去的 20 年来研究人员们悉心研究的一个问题，因为显然我们以前对于变老的理解已经不再适用目前八十多岁、九十多岁，乃至更大岁数的积极活跃的成人世界了。科学家们得到的研究结果十分令人感兴趣。对于你的健康来说，身体素质中最重要的居然是应付生活风云变幻的能力。当然，营养和身体锻炼都是保持健康抵抗疾病的重要因素。但是与我们每天关注的饮食和健身相比，即便不是更重要，起码也是同等重要的，就是影响我们生活的观念和心态。例如，600名85岁以上的老人在如何成功优雅变老的问卷中做选项时，答案最多的选项使专家们都瞠目结舌：适应力。他们对这个词的解释就是能够随遇而安，只关注得到的而不是失去的，并且感恩知足。适应力使那些在贫困或艰难条件下长大的孩子能进入高等学府，并成为成功人士。这就是为什么有的人在遭受飓风灾难后能够克服艰难险阻重建家园。这就是为什么当有人被诊断为癌症，或是丧夫，或是公司破产时，你会说："他能如此坚强地面对这一切真是难以置信。"一个适应力强的人就像一个橡皮圈——哪怕一再地被拉伸，总能弹回原状。费城坦普尔大学的一位研究衰老问题专家、副教授亚当·戴维博士说，每个人都具备一定程度的适应力。适应力是所有成功生物种类先天就固有的。但适应力也是我们在长年累月地与各种艰难困苦作斗争中不断积累经验，并伴随年龄自然成长起来的。然而我们谁都不会情愿等到85岁以后再享受这一研究结果所带来的全部好处。这就是为什么要教给你如何马上成为一个更健康、更快乐和适应力更强的人。

适应力的训练

增强适应力与强身健体没有什么区别。你必须要经常锻炼才能取得最大的进步。以下是一个两周训练计划，包括14项不同的增强适应力的训练。有的训练很简单，比如照一照镜子；而有的训练却需要有自制力和毅力；有的训练很有趣，比如要经常开口笑；而有的训练就要忍受点痛苦，因为需要你勇敢地面对生活和承担你的责任。总而言之，这是一个新型的"个人训练"，你会从中受益并会尝到甜头的。最后还有一个建议：把训练计划放在咖啡壶旁或是浴室里，以便提醒你天天"训练"。好了，让我们现在就开始训练。

1. 今天至少要开口笑五次

幽默感和适应力其实是很相似的。说到底，有幽默感不就是能使现实生活变得更轻松愉快的能力吗？笑口常开能让你保持乐观精神，帮你克服和缓解压力，提醒你什么才是最重要的。如果你缺乏幽默感，那现在就开始培养吧。先跟幽默大师们学习：在你下载的网络电影里加上更多的喜剧幽默片，或者在乘公交车时听一听幽默故事录音。和家人少一些严肃多一些诙谐；多和朋友们聊一些轻松愉快的生活小事。学会开善意的玩笑，以及接受并回应玩笑。晚上入睡前回想一下你今天笑的够数了没有，下好决心明天要更多地开怀地笑。但有一点必须注意，一定要避免讽刺和嘲弄，避免任何诋毁和伤害他人的幽默形式。当幽默被不恰当地运用时只能给人带来痛苦而不是欢乐。

2. 在消极不利的情况下挖掘出积极有利的一面

我们不是怂恿你做一个"苦中作乐"的人，但不管情况有多糟，总是可以从中发现有利的一面。今天，如果你遇到了不顺的情况，你的任务就是找出有利因素。一对夫妇，他们在两天前刚搬进新居，圣诞节晚上丈夫点燃壁炉时不慎失火，房子付之一炬。他们结婚40年来积累的一切财产全部化为乌有。但是他们还拥有彼此。他们说，一切从头再来也是颇有趣的事情。

3. 任何事情都要准备出20%的富余量

如果你对什么事情都期待着尽善尽美，你就会使自己陷入无尽的失望之中。为你今天计划要办的所有事情都富余出20%的时间来，要预计到道路维修、航班晚点或是错过期限。你很快就会发现，预计失败比预计时间更重要。

4. 列出七项你的个人优点

包括各个方面，无论是善于随时与人沟通交流的能力，还是具有烤面包的天赋。把这些优点记在脑子里或是记在手机里都可以。这项工作不要完全都是自己来做，咨询一下了解自己的人。了解并清楚地认识到自己的优点，这就好比在适应力银行里存下了一笔钱，到需要取钱的时候，你知道有多少是可以用的。

5. 改变日常生活中常做的三件事情

戴维教授说："随着年纪增长，我们生活的圈子越来越狭小。"我们越来越固守日常生活习惯，且习以为常。而一旦发生了什么事情打破了陈规，我们就丧失了应变的韧性。为了防止这样的事情发生，每天我们都要改变一件日常做的事情，比如用左手刷牙、换一条路骑自行车上班或是晚上换一间卧室睡觉。听起来都是些小事情，实则不然。要善于接受变化，并善于应对，这是需要我们通过训练来保持适应力的基础。

6. 挑出一件令你担忧的事情，然后照照镜子

这个训练教给你只比较自己的情况。玛丽因为账目不清被炒鱿鱼并不意味着你也会被革职；桑迪的丈夫有不忠行为并不意味着你就应该开始调查你的丈夫。玛丽和桑迪是处于完全不同状况中的完全不同的两个人。不信吗？照照镜子吧，把关注的焦点放在你自己生活背景下的情况上，而不是你周围人的情况。

7. 感觉自己要发怒时，选择不这样做

气愤往往被认为是不自主的反应行为，其实不然。生气还是不生气（这是更重要的）是完全可以掌控的，只要你做出努力。坦率

地说，惹我们生气的人和事是层出不穷的，无论是商店的店员、你配偶的牢骚、起居室的凌乱，还是你前面心不在焉的司机。无论哪种情况，你都可以做出选择：生气还是不生气。争取选择后者，记住生气不能解决任何问题，但生气的确能造成某种结果：破坏情绪、损害健康、妨碍你做出理智的反应。适应力强的人会避免生气，如果他们能控制局势，他们会努力改善；如果不能直接控制，也会找出应对的办法。

8. 花一些时间换位思考

适应力强的人是很善解人意的。他们会耐心地思考对方的观点。比方说，你觉得老板总是跟你过不去，让你觉得自己很失败。这种情况下不妨花点儿时间让自己站在老板的角度思考问题，而不是背上思想包袱一蹶不振。想一想他为什么会那样说，他为什么会那样做。他的老板是怎样的一个人呢？他有一个什么样的过去、什么样的家庭生活、在公司里处于什么样的地位使得他这样做呢？等等。锻炼从不同的角度客观地看问题的能力，对培养较强适应力的个性是十分有益的。

9. 遇到情况要多询问

人们遇到情况时往往身陷被动局面，不能掌控形势。这是因为他们没有耐心地搜集应该了解的信息。所以从今天开始，发生了情况一定要多询问。你询问的结果可能会找出矛盾的根源，可能是你自己，也可能是第三者。你通过询问搜集到的信息会导致多种反馈，其中至少有一种能帮你解决问题。举个例子：你的孩子放学回家后气不顺，不一会儿就开始口出恶言，这时候你可能会很生气继而和孩子吵起来，也可能会耐心地询问孩子或他的老师出了什么事使他情绪不好。结果正如所预料的，他发脾气并不是冲着你来的，而是有其他原因。

10. 遇到事情不顺时，数五下

不是真的让你数 12345，而是让你深吸一口气，然后想出五个可能的应对或补救的办法。只考虑如何解决问题，而不要去琢磨谁对谁错或是今天过得多么不好。对自己说："时间长不了，问题就会得到解决的，一切都会好起来的。"如果今天没有出现过可以采用这个方法的问题，那就回想一下前几天发生过的情况，找出一个比较困难的情况，回顾一下当时如果这样做结果会怎样。

11. 找出一件具有挑战性的事情，付出 100% 的努力然后彻底松放

这个训练是让你学会认识自己能做到什么，不能做到什么。静静地想一想，在你的生活中最主要的困难是什么，想想你为了克服它所做的一切。如果答案是你已经尽了最大的努力，那就接受它，为自己所做出的努力感到自豪，继续生活下去。比方说你得了糖尿病，你坚持了合理健康的饮食，按时服药并坚持锻炼，但你的血糖还是不稳，你知道你尽力了，那剩下的就靠医生、研究人员或是上帝了。你可以做出最大的努力，但你不可能什么都做到。

12. 花整整 30 分钟只考虑你目前的情况

大部分时间我们的心思不是在为未来担忧，就是在琢磨过去的事情，很少考虑当前的情况，这会平添很多压力。马萨诸塞州大学医学院禅修中心主任及博士詹姆士·卡莫迪，建议我们要更多地为现在而活着，首先要意识到你脑子里在专注什么。每当发

现你在为未来担忧，或是在为过去而懊悔时，要有意识地摆脱出来，把心思放在现在，哪怕只是几分钟、几秒钟。他解释说："我们发现当人们每天用 30 分钟这样做的话，不仅压力大大降低，那种束手无策、无能为力的感觉也降低了，克服困难的信心却增强了。"

13. 给自己设定三个目标

为了增强自信心，你需要每天都有成就感。你可以设定小目标，比如给母亲打个电话；也可以是大目标，比如彻底清扫一下车库。但这些目标一定要尽可能的具体，而且是在 24 小时内可以完成的。

14. 列出十项个人感恩

这听起来有些做作，但能认识到对许多事情你应该有感激之情是适应力强的表现。不要遗漏掉任何你应该感恩的。一天结束时，把列表抄几份分别放在卧室、厨房、衣橱和手机里。每当你要自叹命苦时，就看看这个列表，你就会想起来其实你真的是很幸运的。现在你知道怎样做了。如果到这两周结束的时候，你很喜欢这种感觉，那就全力以赴继续做下去，重复这个训练项目。这些小训练越成为习惯，你的自制力也就越强了。一位医生在参加一次电台互动秀节目时被问及到如何界定身体健康时，他说，就是当你每天早晨醒来时都心情愉快，期盼着这一天的生活。这是个很明智且有说服力的回答，也正说明了以上我们所讨论的重要性。如果你具有很强的适应力，你每天的感觉就是这样的。我们最终得出的结论就是，身体健壮可能会，也可能不会给你带来幸福，但幸福感却毫无疑问地能为你带来身体健康。

职业女性懂得独立

独立

女人要比男人更懂得独立，才能将自己的优雅诠释出来。

随着国内经济的发展、择业机会的增加、个人职业选择的多样、人才竞争的激烈，职业咨询已经逐渐受到职场人士的重视。在2004年中，向阳生涯职业咨询机构就接受了数千人次的咨询。而其中女性占咨询人次的76%，男性则只占24%。这是否说明在职业规划中，女性面对更多困境或者在选择自己的职业生涯时比男性更加慎重呢？就此，向阳生涯职业规划专家针对职业女性所面对的生存压力，进行了分析并提出了建议。

职场女性的20、30、40

2004年台湾女演员张艾嘉执导的《20、30、40》，以独特、细腻的视角，描绘出女性在不同年龄阶段所面临的选择及生活压力。它所关注的是处于20岁、30岁、40岁不同年龄段的女性对梦想、爱情、婚姻、家庭不同的渴望和追求。而职业中的女性，也同样在这三个年龄层次中受到不同的生存压力，面临着不同的危机和选择。

20~30岁是女性职业生涯的开始，此时面临的是就业、择业和与其他同业者的竞争，女性希望在工作中实现自我价值，因此会更看中自己的事业和在社会中的地位，同时也会面临感情的选择。30~40岁是职业女性的"黄金期"，不仅在心智上更加成熟，也拥有了较丰富的工作经验，为事业的发展提供了良好的契机。而这时也是女性婚育的最优时期，如果选择此时婚育，至少会离开工作岗位半年。同时在家庭中所扮演的重要角色，也要求女性将更多的精力留给家庭。因此，这个阶段女性必须在家庭和事业中把握平衡。40~50岁对于大多数的职业女性是比较轻松的时期。女性的事业和家庭都已进入稳定期，而女性也将其在社会中的角色逐渐回归家庭。而在50~55岁时，女性的职业生涯终结。

女性在没有积极参与到社会劳动中时，只是在生活和家庭中充当重要的角色，而男性的劳动则是一个家庭赖以生存的主要经济来源。此时的女性只需要通过自己的劳动，有效地分配和利用收入来保证家庭生活的舒适。现在，更多的女性则参与到社会劳动中来，并通过就业的方式来自力更生，甚至成为家庭经济来源的构成。

雅琴2002年大学毕业，学英语教育专业。雅琴还没毕业时，非常顺利地在家乡找到了一个大专当英语教师。可是干了半年以后，雅琴开始厌烦教师职业，而且一天五节课的工作量使她不堪重负，虽然待遇在这里算是好的了，但是雅琴心中非常忧郁。就在这时，雅琴和交往三年的男朋友感情也出了问题，她挣扎、痛苦，甚至去看心理医生。为了摆脱这一切，彻底地重生，雅琴选择自己去了上海，还算顺利，不到一个月的时间就找到个外企，做总经理助理。工作没有她想象的那么轻松，不断应酬复杂的人际关系。在一次人事经理有企图的暗示中，雅琴决定辞职。无论雅琴做什么工作，首先想到的是要保护自己，尊重自己的人格。

后来找工作，雅琴就遇到了2003年毕业生大增，两个多星期后，在一个朋友的介绍下，雅琴去了一家私人公司，做了客户经理。这份工作对雅琴来说还算轻松，可是，她还是压力很大，每天晚上都会睡不着，会把今天做的事情想一遍，生怕对老板说错什么话。几个月后，雅琴得病了。没人照顾，雅琴原来的男朋友对雅琴很好，他去上海看她。几个晚上，雅琴没有睡觉，在选择，是留在这里做这份薪水还可以的工作，还是选择这个爱她的人。情感大于理智，雅琴辞职了。

雅琴回来了，可是她再也找不到比原来大专当老师更好的工作了，而且也找不到比在上海薪水高的工作。这种不平衡造成的痛苦难于启齿。年龄的增大使雅琴对自己越来越不自信。男朋友对雅琴很好，他说不工作他也养着她。可是雅琴毕竟大学毕业，也要实现自己的价值啊。雅琴知道自己自恃太高，又没什么能力，也不知道自己适合干什么工作。雅琴想跳槽，想尝试贸易或者咨询、培训等工作，可是却找不到契机。

职业女性以经济上的独立结束了对男性和家庭的依赖，是社会的进步。但同时，职业女性也面临更大的压力，而于经济独立相对应的，就是生存压力。生存压力不仅指职业女性需要通过工作来获得维持生存的物质资料方面的压力，也包括职业女性在工作、生活中为实现自身的价值而面临的压力。

结合职业女性的压力构成，女性的生存压力又分为就业压力、竞争压力、家庭压力、婚育压力，等等。其中，就业和竞争的压力来自于社会，可归为外部压力；而家庭压力和婚育压力则归为职业女性的私人生活，属于内部压力，从侧面作用于职业女性的生存压力。

从职业女性有效的从业周期来看，20~30岁的职业女性，无论工作还是生活都更具不稳定性，此时的压力主要来源于就业压力和竞争压力，她们在工作中渴望自我价值的实现，以及会面临感情的问题。而30~40岁的职业女性，虽然生活较为稳定，但工作也更易受到家庭、婚育和社会的影响，工作和家庭、婚育矛盾的压力日渐增加。40~50岁的职业女性，已经逐渐接近职业生涯的终结，关注更多的是自我价值在社会和家庭中的实现，此时受到新人带来的竞争压力和家庭压力也会同时存在。

根据对女性不同年龄阶段生存压力构成的分析可以看出：就业压力随着职业女性年龄的增长，社会经验的增加和工作经验的积累，逐渐减小。而竞争压力始终贯穿职业女性的职业生涯，并占据主要地位。婚育压力会成为职业生涯"黄金期"的一个压力因素，虽然随着女性年龄增长和家庭的发展影响减弱，但对于女性"黄金期"的竞争压力有所作用。家庭压力也是影响女性的一个构成，并随着女性对工作成就欲的减弱而加重。

这个年龄的女性面临着来自生活和事业的双重选择，却都缺乏稳定性，一旦把握不好，就容易产生心理上的孤独感。

案例中的这位小姐对于职业的选择始终都以感情因素为主导，这显然是不够明智的。这个年龄的感情有着太多不稳定的可变因素，如果将自己职业上的发展和未来的幸福全部寄托于感情，那么很可能会造成得不偿失、满盘皆输的后果。职业上的发展应提前规划，并且根据自己的专业特长、个性喜好和个人发展需要进行预期的计划和打算，切忌因为一时的冲动和热情，盲目地进行转变。

职业规划专家提醒各位面临感情和事业双重压力的女性：既然感情上的事无法预算、无法规划，那么，不妨在职业上提前规划，以防职业上也遭遇无法设防的"情变"。

女性为什么不敢成功

成功

成功对于女人来说，不一定就是婚姻的阻碍。

有研究表明，不少女性对于事业上的成功会感到恐惧——职场女性为何"不敢"成功？

女性在职场中，由于种种原因，往往很难彻底成就自己，因此经常尚未攀上事业巅峰就已经停下脚步。事业上的成功，为男性带来的是成功感和满足感，却给不少女性带来焦虑，甚至非议。究竟是什么原因，让职场精英女性"不敢"成功？

部分女性畏惧成功

职业女性这种对成功的畏惧感其实早在20世纪就已经被发现。美国心理学家玛蒂娜·霍纳博士曾进行研究并揭示出，有65%的女性对于成功后的结果普遍感到恐惧，而男性却只有9%。这种对于成功的不同心理状态，在今天依然存在。对于男人而言，或许只需一心拼搏事业就可以了，但这显然不太适合女性。她们若要走向事业巅峰，不但要付出比男性更多的努力，更要面临来自多方面的压力和挑战，包括社会对女性角色的要求、如何平衡事业与家庭的关系等。这些都使得不少职场女性对自己的职业追求产生怀疑，甚至发生动摇，有的人选择回归"相夫教子"的传统家庭模式，而不少人则在平衡不同角色间徘徊，始终挣扎在既渴望成功又害怕成功的矛盾心理中。

高知"海归"为家庭选择回归安稳生活

如果说不少女性在刚毕业时还是踌躇满志的话，那么到了而立之年，她们往往开始动摇了。明年就 30 岁的 Lucy，现在在一所高级职业技术学校当老师，这份收入稳定、每年还有两个长假的职业看似非常令人羡慕，却不是本来想闯荡一番大事业的她的"首选"。心理学系出身的 Lucy，毕业后就去了英国继续深造，主攻人力资源管理的硕士学位，两年后回国，雄心勃勃地准备好好拼搏一番时，才发现"混职场"远远要比"混校园"难得多。"我先后进过几家不同的公司，可是这年头'海归'早已不吃香了，不但收入一般，而且工作强度大，每天加班加点是少不了的。"从大学就开始担任学生会外联部长的 Lucy 对记者说，"其实并不是我怕苦怕累，从英国回来后我就一直在渴望成功，每天工作都特别努力，哪怕牺牲私人时间也在所不惜。只是年纪渐渐不小了，身旁又有了固定的男友，感情还不错，成家之事也摆上日程了。"换工作，重回相对稳定的教师队伍，主要是 Lucy 父亲的意思和安排。"考虑到今年年底准备结婚和生宝宝，所以最后我还是妥协了。女人就是不比男人，需要考虑的事情太多，很多时候总是身不由己。"她说。

Lucy 的情况并不少见。她们之所以会动摇，主要因为这是一种自然的生理变化过程，即常说的女性的母性开始发挥作用，工作上的兴趣慢慢转到"相夫教子"上。另外就是，常年的职场竞争可能让她们累了，转而希望做背后的女人。而家庭中女性的责任，则让她们比男人更容易放弃对工作上的追求。

若要平衡两者关系，首先要做好人生规划。合理的人生规划，将从战略层面决定女性能否在家庭和事业间取得平衡。女性婚前一般都不存在家庭和事业的矛盾，一旦结婚，家庭和事业的矛盾会越来越突出，因此女性从结婚开始就要做好未来若干年的规划，如何时生儿育女、何时开始把精力放在工作上、自己计划做到什么位置，等等。一旦有了规划，家庭和事业就会有阶段性的重点，这样家人比较能接受，不至于手忙脚乱。确定阶段性重点很关键。和男性一样，家庭是女性事业的基石。如果家庭关系处理不好，女性也很难集中精力处理好工作上的事宜，以至于出现"在家时想工作，工作时想家"的局面。必要时要敢于取舍，如结婚生子，过了最佳的生育年龄，对儿女和自身都不好，因此在这样的事情上，必须当机立断。

成功之道：坚守女性角色突围而出

对职场女性来说，模仿男人成功的范本显然是没有用的，作为女人，应该坚守自己的角色，在职场中取得自己向往的成功。职场女性需要不断补充新知识，还要注意处理好家庭关系，和睦的家庭才能让女性把更多的精力放在工作上，最后最好能树立可行的现实目标。

保持女性特有的温柔气质。不必像男性一样处处显得咄咄逼人，团结一切可以团结的人。

保持和谐的人际关系，不宜和男同事保持过于亲密的关系，特别是上级，否则很易让人产生误解。这虽然也许是捷径，但可能以失去个人的人格为代价。女性要靠自己的实力来赢得别人的尊重和取得成功。

该坚持时要坚持自己的观点。女性的意见很容易被忽视，若你在关键时刻坚持并证明自己是正确的，那会比男性更易得到上司重视。

发挥女性做事细致认真的特点，做好本职工作，以求更大的发展空间。切忌"这山望着那山高"，最终失去眼前的机会。

要在一个男性价值观主导的世界里取得成功，是否就意味着要牺牲女性特质，如亲密关系、母性，甚至是温柔？其实取得成功和女性特质并不矛盾。当然，在职场上，女性要取得成功，避不开要与男性进行竞争。若想取胜，职场女性可以做到以下几点。

隐藏自己，不轻易暴露自己的实力。女性本身容易让人忽视自己的存在，因此可以利用这个特点，积蓄力量，争取一击制胜的机会。

利用女性温柔的特点，恰当地处理各种人际关系。这样可能会争取到比男性竞争者更多的支持者。

不求面面俱到，只求有专攻。女性花在工作上的时间和精力可能少于男性，因此只需在某些领域保持自己的优势即可。

优雅女人要学会给自己养老

养老

女人要给自己留着一条养老之路。

随着女性的预期寿命越来越长，如何管理退休基金，以免在去世之前就花光所有的资产已经成了女性面临的一大问题。

十年前，美国女性的预期寿命达到了 84 岁，如果工作到 65 岁退休，并进行合理的规划和投资，退休后生活所需资金是可以筹措的。

问题是，现实没有这么美好。根据富国银行去年12月份公布的退休健康调查结果，美国人的储蓄只抵得上所需退休金的7%。

首批婴儿潮时代已经步入退休年龄，美价金融公司（Ameriprise）、美林（Merrill Lynch）、富国（Wells Fargo）及其他机构最近发布了一系列相关报告，凸显了女性退休金匮乏问题。老年医疗保健管理公司 SeniorBridge 的首席职行官克劳迪娅·费恩（Claudia Fine）一语道破了这种趋势："人们都在谈论女性需要更好地学习相关知识，不再逃避现实。我们需要成熟起来，为自己的财务生活负责。"

安娜·兰帕波特（Anna Rappaport）表示："很明显，大多数人制订的退休计划的时间跨度不够长。"她是精算学会（Society of Actuaries）发表的一份研究报告的联合作者，根据该报告，由于预期寿命延长，92%的退休女性都没有做好长期打算，无法在退休与去世之间的二十多年中保证生活无忧。她说："尽管为退休生活做好打算不仅是女性面临的问题，但女性更长的预期寿命以及常见的特殊生活境况都使得这一挑战更难应对。"

该报告主要分析了丧偶对财务状况的影响，以及医疗保健支出随着年龄增长而攀升的趋势。费恩表示："女性往往比配偶活得更长，且晚年通常因多种慢性疾病而疲惫衰弱。我们也许不愿讨论这些事实，但它们正是女性退休后面临的最大挑战。"

兰帕波特称："夫妻们往往忽视丧偶可能带来的严重影响，这真是令人担忧。人们没有认识到丧偶之后老人的财务状况会严重恶化。"据她观察，85岁以上的女性中有85%已经丧偶，而男性中该比例仅为 45%。

加州圣塔莫尼卡的财务规划师罗斯·格林（Rose Greene）表示："除非一对夫妻拥有很多钱财，否则一方去世而又没有留下任何遗产，肯定会使尚存一方经历巨大的困难。"前述精算学会的报告表明，35% 的男性退休者认为如果他们早于妻子去世，其配偶的生活境况会变得更好，但这是不符合事实的。因为女性预期寿命更长，而又往往嫁给年长几岁的男性，她们往往会寡居 15 年，甚至更长时间。对许多人来说，随丧偶而来的是生活水平的下降。

Weaver 会计行在美国西南地区拥有大量分部，其注册会计师劳拉·迈克努特（Laura McNutt）经常与在制订退休生活计划的客户打交道，这些客户的退休储蓄往往撑不到其生命终结之时，而当她们发现这一点时，却为时已晚，迈克努特也只能帮助她们尽量减少损害而已。其中一个例子是一位八十多岁丧偶的妇女，迈克努特称："她不仅对家庭财务状况一无所知，而且也不知道所剩不足维持生活。"如果之前她和丈夫花些时间一起检查退休金资产，她就可以为丧偶后的生活做好准备。为了减少开支，她不得不离开居所，搬到一位成年子女家中。

迈克努特的建议是："花点儿时间了解自己的财务状况，每年进行一次退休储蓄分析，看看你有哪些资产，你的开支有多少，判断资产是否足以应付生活所需。"这个建议听起来似乎有些简单，却是妇女保证退休后生活质量所必须采取的关键措施。必须自食其力的单身女性，就更应当优先制订好退休计划。

注册会计师和精算师们还一致认为，社保养老金问题必须予以重视。富国银行的报告显示，双方都年届 65 岁的夫妻中，只有

50% 能双双活到 80 岁以上。尽管关于社会保障的担忧越来越大，但 63% 的美国人仍然认为社会保障将是退休后最主要的收入来源。

兰帕波特称："当我们谈及花光了积蓄的退休女性时，指的是大量寡居妇女，她们的主要收入来源就是社会保障。"她建议人们在退休后尽可能推迟领取养老金，即使丈夫收入更高，较早领取养老金也会使妻子在丈夫去世后可以领取的遗孀津贴减少。越晚开始领取养老金，妇女丧偶后每个月能领到的收入就越高。

根据精算学会的报告，对美国国家长期医疗保健调查（National Long Term Care Study）的分析显示，年龄 65 岁的妇女在剩余的预期寿命中，平均有 30% 的时间将处于因病长期无法自理的状态（在男性中该比例为 20%）。这意味着女性生命中有更长时间必须依赖医疗机构或有偿看护的长期帮助。Weaver 的注册会计师、迈克努特的同事伊丽莎白·邦克（Elizabeth Bunk）提醒道，这种看护"极端昂贵"，对年龄八九十的妇女来说尤其如此。

费恩经常就长期保健管理与老年人和他们的成年子女打交道，她透露，心脏病、骨质疏松、痴呆等是老年女性面临的首要健康问题，"我们知道约 50% 的 85 岁以上老人罹患痴呆症"。而纽约市的养老院平均收费高达每月 1.5 万美元，钟点看护人员的收费也可能达到每天 500 美元。

这样天文数字的支出也必须被纳入考虑，否则女性可能面临在去世前花光所有财产的噩梦，不得不依赖于政府支持的医疗保障。

建议购买长期护理保险，将其作为退休计划的一部分。费恩、迈克努特、兰帕波特和邦克一致认为，对年龄 50 岁以上且认真考虑退休问题的女性来说，购买长期护理保险是最好的措施。邦克提醒道，许多刚满 50 岁的夫妻并未预期到他们的健康会恶化，一旦问题出现他们的财务状况也随之严重恶化。

费恩关于长期护理保险的看法颇具说服力，她说："我也不愿意买火灾保险，但我还是买了，希望我永远不需要获得赔付。事实上我的房子失火的可能性要比我需要长期护理的可能性小得多。"

职场女性应该有怎样的素养

素养

提升素养，能让自己缤纷多彩。

"暗香盈动，女性因谦恭虚怀若谷；优雅怡然，女性因智慧卓而不凡"。21 世纪，女性已越来越多地参与到社会劳动中，在各种场合，她们或以男性的标准来要求自己，或以女性的眼光来欣赏自己，使这个世界变得绚丽多彩。

有言道，"女性靠征服男性来征服世界"，然而在具有平等地位与男性共舞的职场里，此语不可一概论之。那么，现代女性如何在职场中赢得一片自己的天地，赢得尊重，赢得喝彩，赢得信服呢？职场素养包括能力要素和精神要素，以下几方面不可或缺。

一、不断学习和吸收的能力

"学到用时方恨少"——前辈们在经历之后提炼的人生感悟，我们何苦又要重蹈一遍呢？所以，储备知识就是储备成功的能量，竞争力源于不断学习的能力。我们研究成功人士的特质，至少有一个共同点，那就是当别人在娱乐休闲时，他们在不断地学习。营造的机会已在现代职场女性面前横亘起一座通往成功的桥梁，跨越它，需要你的头脑中积聚大量的专业和非专业知识。职场里要彻底推翻"女子无才便是德"这一封建社会父权制文化对女性的歧视。据一项进行了15年的调查表明，74%的女性一生都在积极寻求提升的机会。所以，给自己创造机会的第一要素是不断学习的能力，并且在这个学习的过程中，要保持一种空杯心态。最新的一种管理学说认为，为何要把杯子里的水倒掉呢？正确的做法是，保持杯子里原本应该留下的那部分，简言之，用学习马列主义的方法（取其精华，去其糟粕）来吸收我们所要学习的一切新知识。很多女性认为，年龄是一个堂而皇之的借口，其实不然，只要你抱有积极的心态，那么坚持学习，坚持21天，让学习成为一种习惯，你可以做到。有朋友要问："学习的范围是广泛的，该从何处入手呢？"建议首先学习与你所从事的工作相关的知识，这会让你工作起来更加得心应手，如果你发现学习这些，你并没有兴趣，那么恭喜你，你终于发现了你目前所从事的工作并非你的兴趣所在。此种情况下，如果你不是迫于生计，你可以考虑去认识自己的喜好了，做好职业规划，然后重新选择自己有兴趣的工作，这样你会更加投入，对你的岗位、对你自己才是一种负责的态度。其次，多看一些有关为人处世与磨砺心志的书籍。再次也可为自己确立一个偶像，可以是身边的成功人士，可以是某位历史名人，总之在你的交际圈里，学会看到别人的优点并加以学习和吸收，日积月累，你会发现自己的人生观、价值观会走上更加正确的轨道。

二、管理自己情绪的能力，别让心情指挥了大脑

古希腊德尔斐神庙前石碑上镌刻着象征人类最高智慧的阿拉伯

神谕——认识你自己。这里的管理即是在认识的基础上，学会控制，而控制是对任性的一种改变，改变比认识更难，大概也能算是超智慧了吧。女性常常做情绪的奴隶，很容易把喜怒哀乐写在脸上工作，进而不自觉地把情绪带到工作中，这也是女性异于男性的性格之一。在营销学中，我们说你可以驾驭市场，驾驭消费者的思维，但是不可以改变，而在自我情绪的管理中，我们一定要学会改变，改变我们用心情指挥大脑的习惯，快快地想，慢慢地说，在适当的场合说适当的话，简言之，即在不同场合，言行要适时适度。

三、职业化的工作态度

美国人安迪生著有一书，书名即为《态度决定一切》。所谓职业，涵盖专业与敬业的内容，要有一副做事的样子，要不满足于现状，要有不断创新的精神，要有不犯相同错误的觉悟，要有自律性，要有主动性，要有原则性……职业化，即在任何场合，处理任何事情，每一个细节，每一个动作，每一次谈吐，都要随时随地体现一个女性的气质，这种气质不是强势，不是霸气，而是严谨和不温不火。这一点，体现在外因上，可以多参加一些有关商务礼仪的培训；内因上，是自己心态的调整，调整到让任何时候体现一种职业化的态度成为自觉行为而不是自发行为即可。

四、顾全大局的度量

随着人类社会的进步，男女平等一语已被赋予了新的含义。我们更愿意看到，新新女性时刻怀有顾全大局的度量。顾全大局，即顾及集体利益，使其不受损害。延伸一下，顾全大局者为真正识时务者，顾全大局，要求其人把任何人都看作是感性的，其行为都是可以理解的，而自己必须是理性的，必须有洞察世事的英明和开阔的胸襟，辨别是非轻重，从而果断地做出以全局为重的正确决策。

以上建议虽只有四点，但要真正做到，需要我们抱着"一定行"的信念，以积极的心态持之以恒。从现在开始，不断向前，每天进步一点点，每天坚持一下，定会开辟一片广阔的天地！演绎精彩人生！

在化妆方面，职场女性要将自己的素养发挥得淋漓尽致。

金属质感的微熏眼妆熏染出奢华妩媚的女人味，诠释出高贵又带有神秘感的优雅。微熏的眼部特点不在于眼线，而是阴影效果，适量的阴影会增加眼部的立体与深邃感，却不会使你的眼睛看上去脏脏的，好像眼线晕染的效果。

微熏可以说是必学的一项眼妆技巧，许多明星已经早早地告别了大烟熏，选择了大肆流行的自然微熏，其中的代表当属安吉丽娜·朱莉。用微熏来提高你的时尚品位，还可彰显简洁干练的气质，职业女性绝对不可错过。

粉色应该说是职场中人际交往的安全色，如果你想让自己成为一个易于亲近的人，抑或是博得同事及客户间的好人缘，粉色一定不会令你失望。

许多设计师都开始玩味起了流行的大地色及驼色，大地色系亦刚亦柔，"提气"驼色品位出众，同时也成为了英伦风格的象征。

为配合潮流服饰的选择，在眼妆上纳入深邃的棕色、温暖的褐色、硬朗的古铜，都会让你成为品位出众的焦点。对于眼部轮廓不够清晰的亚洲女性而言，大地色系更能消除浮肿，还你神气双眼。

如果你是一位女性领导人，大地色眼妆毋庸置疑是你的首选，再搭配上高质感的同色系外衣，高贵儒雅的气质尽在掌握。

Chapter 6　优雅女人该怎样去展示

优雅女人要懂得展示自己的魅力，言、行、态都要整理得当，才能让自己的魅力尽情绽放。

优雅与年龄无关

年龄

年龄并不是优雅的基调，年龄不影响优雅。

有些人认为，女人如果上了年纪仍旧保养得当的话，便会自然而然地散发出那种优雅的气质。那你们就想错了。

女人不会因为年龄的增长便增加阅历、学识与见闻等，也不会因为外表的美丽便将自己带入另一个不属于自己的层次。

随着年龄的增长，女人们逐渐将生活的重心转移到了家庭和子女身上，或多或少会变得急躁与轻浮起来。

女人要承受来自于家庭和生活的重重压力，就算适当地保养，也抹不去女人从内心开始沧桑的境况。

这样枯燥的家庭生活如何才能使女人寻找到成熟的优雅呢？

其一便是多读书。

读书可以增加女人的修养和涵养，而且可以增加女人在各种社交场合的见闻和话题。与其花大把大把的时间在闲暇的时间里去逛街、购物，甚至饲养一些小动物，倒不如利用这些时间多读一些适合自己年龄的书籍。尤其是临睡之间，女人忙碌了一天，趁着这个休息的空当来休养生息是再好不过了。

"书中自有黄金屋，书中自有颜如玉"，但不是每一本书都有黄金屋和颜如玉。女人要挑选适合自己年龄和自身品位的书籍，在慢慢地修身养性中得到本与质的升华。

并不是阅读一些时尚杂志就是品位的体现，也不是每期都看某些八卦杂志就会丰富你的见闻，更加不是阅读一些光看书名就很有层次的外国名著，就会将你的思维方式一下子提高到那个档次。

上述这些书籍不是不看，但也不能全部都看，选择适合自己当前需要的书籍很重要。

女人想要优雅，首先是外表，其次是谈吐，再次便是你的谈话内容。

外表我们可以用金钱去弥补，谈吐也可以通过看书来花时间弥补，可是谈论的话题就需要女人自己去修边幅了。

女人不需要像男人一样去高谈阔论当今的社会形势、未来的发展趋势、某些国家的CIP增长总值，但是女人也不需要整天满嘴的某商场打折、某品牌价格。这些话题女人可以去了解，但是不要总是挂在嘴边。适当的时候，在男人与朋友谈话接不上来的时候，女人微笑着插嘴说上几句，不但男人会对你刮目相看，就连那些朋友们也会发觉到你的优雅。

偶尔与老公或在朋友面前小露几句，别人自会对你刮目相看。

结婚的女人喜欢唠叨，工作忙碌了一天，回到家还要照顾家庭和孩子，唠叨几句也是正常的。可是换位思考一下，如果男人回到家里整天与你唠叨，你是否也失去了那种热情呢？

这时候，女人的优雅便是沉默寡言。如果你想说一件事情，十句话可以说完，不妨在脑子里总结一下，只说一句概括出来。少了一份唠叨，自然就多了一份优雅。男人还会因为你的少言而对你关切地问候，还会对自己产生一份怀疑，是否对家庭冷淡了，是否冷落了你？

年轻的女人难道就不会优雅了吗？这样的想法又错了。

年轻女人最大的优势就是单纯、简单，而这种简单恰恰是年轻女人优雅的来源。

男人渴望得到一位简单的女人，这会使男人在工作和家庭中体验到舒心。一个复杂的女人，就算男人再爱她，娶了她，最终也不会有圆满完美的结局。

试想，一个整天心里藏着算计、钩心斗角的女人还算得上优雅吗？

优雅是一种境界，简单也是一种境界。

简单的年轻女人返璞归真，自然而不拘束。年轻的女人由于社会经验不足，为人处世的方式还不够成熟。

女人往往容易被某些事左右情绪，喜欢斤斤计较，尤其是年轻的女人。其实事情并不一定像我们所想的那样糟糕，我们看开一点，洒脱自然一点，自然而然地便会优雅起来了。

女人总是被男人说成是目光短浅的生物，所以女人的优雅也需要体现在提高自己看待事物的眼界上。

假期的时候，女人不妨放下工作和家庭，与好友相约出门，短暂地旅行。适当地接触家庭以外的环境和事物，也有助于提高女人的视野。

看到了不一样的繁华，见识到了不一样的景致，或许仍旧只是一碗简单的面食，在陌生的环境里是否也吃得格外的美味呢？

当旅途结束归来之时，女人不妨在心中将这一路的所见所闻总结一番，拿出最令你难忘的事情细细地回味。

回到家后，不需要细致地将见闻讲述出来，女人可以讲诉某一件事，或者从一件事当中编造出一个更加美丽的故事，然后带着这些美丽的故事拿出你早已经为家人准备的礼物，轻轻地摆放在每个人的面前，报以一个温柔的微笑。家人是否会发现你挑选的礼物每次都上了一个层次，还是停留在当初的水平？

编故事不是只有专业人士才有的权利，更加不是要女人来说谎。女人只是给男人、给孩子带回来一份礼物。家人们会通过这个礼物将你的这段难忘的回忆跟你一样记得更加地深刻。

都说眼睛是心灵的窗口，从一个讲话的人的眼中，你可以看出他的喜怒哀乐，甚至是他说话时的思想。

懂得凝视和聆听，也是女人优雅的表现。

优雅与喋喋不休是两个对立面。如果你想要极尽所能地表现你的优雅，那么你一定要摒弃你的喋喋不休。

当与人讲话的时候，女人应该温柔地看着对方的眼睛，而不是那种直视与逼视，眨眼睛的频率应该稳定，且面带微笑。

凝视是鼓励对方继续演讲下去的动力，也是对说话之人的一种尊重。在聆听的时候不时地点头或者微笑，是鼓励演讲者的一种方式。

心胸开阔、与人为善也是女人一种优雅的体现。

当别人遇到困难的时候，无论这个人是家人，还是同事、朋友，女人如果可以伸出援手，或者说几句宽心的话的话，就算解决不了问题，也会给当事人以动力。

为什么有些女人不必刻意去讨好大家，便会左右逢源；又为何有些女人对周遭极尽地讨好却屡次遇到四面楚歌的境地？或许有人说是天生长相讨喜，有人会说是语言的艺术。实际上，就是女人平时一言一行的胸襟带给大家的深刻印象。

试想一下，一个女人遇到一点责难就会咆哮、谩骂，丢失了自己的形象，另外一个女人微笑、宽容，哪一个会受到大家的追捧呢？优雅的形象早在女人不知不觉中遍布了大家的脑子里。

所以说，与人为善、豁达的胸襟、和善待人，是女人优雅必不可少所要具备的东西。

女人在男人或是其他人面前，如果可以注意这些细微的小动作，哪怕整天做着家务，也是一个值得人迷恋的家庭主妇。忙而不乱，慌中有序。

所以说，女人的优雅并不一定是在某一个方面体现出来的，那是需要女人像做皮肤护理一样地从头到脚，由内而外地通过学识、见闻、观察，和时刻提醒自己注意每一个小细节才可以逐渐达到的。

放缓说话的语调，开阔自己的视野，丰富自己的学识，凡事做到豁达与心中有数，说话时懂得聆听和尊重对方的凝视，皆是优雅的体现。

锻炼内在，优雅悄然绽放

内在价值

内在价值比外在更加难得，锻炼内在，优雅悄然绽放。

有很多女性过度关注自己的容貌，却忽略了对性格的修炼。其实性格才是主导我们人生航线的舵。性格能决定命运，这话没错！

命运是我和朋友们最喜欢讨论的话题之一，我想很多女性朋友会和我们一样对命运充满好奇和敬畏，所以一起做着心理测试，测自己的性格，测自己的人生，测自己的爱情，随着答案的好坏，心情也跟着起起落落。

其实，我们人生中有很多事，看似偶然，却有着它客观存在的必然性。昔日的同学走出校门，各奔东西，若干年后重逢，便会发现彼此在做着很不同的事，在名利场上的沉浮也相差悬殊。好像有一只神秘的手在大家的身后操纵着每个人的发展，可是，只要仔细一想，你就会发现，其实每个人所走的道路都是有章可循的，都符合各自的性格特征，说得上是各得其所。

这就如古希腊先哲赫拉克利特所说："一个人的性格就是他的命运。"性格决定命运，小的时候对于性格的巨大力量还没有太深刻的认识，越长大就越发觉性格的巨大力量，其实我们在关键时刻做出的很多选择都是性格使然，而正是这些选择成为了我们人生的一个锚点，勾画出了人生路径的轮廓。就好像你不能奢望一个优柔的女人成为一个成功的事业女性，你也不能让一个雷厉风行的事业型女人每天按部就班地生活。

据美国一项权威调查显示，美国近 20 年来商界和政界的成功人士的平均智商只在中等水平，而情商却处于高等。这又使得"性格决定命运"得到了科学的印证。

性格决定命运，一个性格消极懒散的人与另一个积极争取向上的人走过的人生肯定有很大的不同。

如果我们单纯地谈论性格，很难给它下一个定义，可是我们每天的生活无时无刻不受自己的性格影响，不同的性格处理事情的方式也截然不同。性格不仅影响一个人的生活状况、婚姻家庭，也影响一个人的人际交往、职业升迁、商务活动、事业发展、经营理财等，决定一个人的成败得失，决定一个人的前途命运。优良性格让人不管是在顺境还是在逆境中，都能坦然积极地面对，并且不懈努力、取得成功；不良性格会让人走尽弯路，受尽挫折，甚至在关键时刻毁掉一个人的一生，造成悲剧性的结局。

有修养的女人最美丽

编故事

懂得编故事，更容易让人产生好感。

很难想象，一个缺少修养的女人怎么能够长期生活在成功男人的身边呢？她们没有内涵，遇事风风火火、大吵大叫，以自我为中心、不宽容忍让，更有甚者，吃了一点亏，便极尽无赖之能事，当众耍泼骂街……如果这样的女人生活在一个男人的身边，这个男人怎么才能成为一个优秀的男人呢？即使这个男人原本很优秀，和这样一个女人生活在一起，早已被琐事缠身、家事困扰，又怎来得精力去奋斗事业呢？在他们的世界里都是自己女人索然无味的嘴脸，久而久之，且不要说事业怎样，他们怎么能够快乐地生活呢？即使是温润如玉的谦谦君子，也早已被这样"母夜叉"般的女人打乱了生活节奏了吧！

试问哪个男人不希望自己的事业有成、家庭和睦，哪个男人不希望自己拥有的是一位美艳绝伦的贤妻良母呢？而只有一个和蔼的、宽容的、有修养的女人，才能使她身边的男人变得优秀。和这样的女人生活在一起，总有一种如沐春风的感觉。不管是成功的喜悦，还是失败的苦恼，有这样有修养、有内涵的女性在身边，男人又怎么会不幸福呢？

有修养的女人赢得男人心

有一种说法认为："不美丽是女人绝对不可以容忍的事情，但没修养绝对是男人不可以容忍的事情。"只有有修养的女人才能真正赢得男人的心。

谁也无法抗拒岁月的雕饰，即使你双眸如潭、粉面桃腮、婀娜典雅，可是，岁月的长风怎能吹不散倾城的容颜？只有内质的修养才是永恒的经典。不要嗔怪岁月的无情，而是要自己去不断追求一颗宽容、忍让、体谅的心。青春的美貌漂亮一时，潇洒的气质美丽一世。男人通常尊敬那些富有修养和内涵的女人，并且常常试图和她们接近，和她们保持一种亲密或者仅次于暧昧的关系，他们喜欢甚至依恋这种关系。如果条件允许，能把这样的女人娶回家，共度一生将是他们的人生梦想之一。

其实，女人如果想征服一个男人，就不能仅仅停留于表面的美丽带来的诱惑，更要注重心灵世界的交流。甜美纯净也好，性感动人也罢，就是要吸引男人的眼球，但真正震撼男人心灵的却是女人的言谈举止。试想哪个男人不希望拥有一个秀外慧中、蕙质兰心的女人为妻呢？一个女人即使是沉鱼落雁之容、闭月羞花之貌，如果行为粗鲁，也会使得男人望而生畏、心生厌恶之情；相反，即使一个女人相貌平平，但言谈举止中无不流露着高贵典雅、端庄大方，与之交谈，备感轻松快活；与之共事，真诚相待、团结协作，这样有修养的女人常常能够赢得男人的爱慕和追求。

有修养的女人，即使容貌称不上美丽，但那颗清澈如水的心灵、端庄得体的言谈，足可以掩盖表象上的不足。

有修养的女人，即使没有性感诱人的身材和勾魂摄魄的双眸，但她的举止中却无不显示出温润和煦的人性光辉。

愚者用肉体监视心灵，智者用心灵监视肉体。有修养的女人，心灵中永远透射出智慧、温暖、和谐的光芒，这样的光芒同样照射男人的心灵，赢得他们的心。

没有信念，别人会觉得你无知

无知

有追求，更能精力充沛地生活。

女人温柔如水，宁静致远，是男人眷恋的避风港，是家庭温馨的驿站，是孩子温暖的怀抱。一个智慧女人，一定是个有信念的女人。信念是一团火，它能彻底地燃烧女人的潜能，释放女人身上的光与热。只有信念永存，才能谱写出女性温柔母性之美的赞歌！

女人，让信念飞翔。

有人曾经说过："当你能飞的时候就不要放弃飞，当你能梦的时候就不要放弃梦，当你能爱得时候就不要放弃爱。"作为女人，更是要坚定自己的信念，不要用旧思想束缚自己，认为女人就应该依赖男人，用"弱女子"来给自己做定位。在当今这个新时代，女人占据了半边天，有信念的女人才可爱！

曾经有这样一个故事。

战争年代，一个农村女人的丈夫被抓去当兵，儿子也被抢走了。她坐在门口边做鞋边等，别人劝告她不要再等下去了，她的丈夫和儿子一定都死了。可是她告诉自己，她的丈夫和儿子一定还活着。就这样，她等了十年，她的丈夫和儿子都没有回来。别人说"你的丈夫和儿子一定都死了"，她却告诉自己，儿子一定是上学了，丈夫也一定没有离开他。又过了十年，她的丈夫和儿子还是没有回来，大家都对着她唉声叹气，她却告诉自己，儿子应该娶媳妇了，丈夫也应该还活在世上。又过了十年，当年村里的孩子都有了孩子，她望着这些孩子想，自己的儿子也应该有孩子了，说不定自己的丈夫正抱着儿子的儿子呢！老妇人很开心，就在这种信念中，她过了一年又一年，直到她离开这个世界，她都认为她的丈夫和儿子没有死，只是在世界的某个地方和她一样正幸福地活着。虽然，她很早就和丈夫、儿子失散了，但她有一种信念，一直活得很快乐！

只有拥有信念，人生的叶子才不会枯黄，处处皆为春！女人和男人一样，应该做一个生活中的强者，要有坚定的信念。有些女人追求弱柳扶风般的娇嗔，有些女人喜欢孤芳自赏的自怜自叹，有些女人习惯依靠心胸伟岸的男人。事实上，如果女人总是身体柔弱、似蹙非蹙笼烟眉、娇喘微微，在真正的婚姻生活中处处依赖男人，做任何事情都前怕狼后怕虎，家务根本不会做，那大部分男人都不希望自己未来的妻子是这样的。女人不要对自己说"我不行"、"我不能"、"我做不到"、"不可能"，这些词只会出现在蠢人的字典里。

应该拥有信念，同样应该放飞信念的翅膀，让自己在理想的天空中翱翔，用自己的努力，谱写一首信念的赞歌！

信念，让女人点燃照亮家人前行的路

真正聪明的女人，不会只追求倾国的容貌和众人追逐的虚荣。当一切的浮华淡去，只有信念指引人们前行。女人，更应重视信念的力量！

女人的信念是什么？天助者，自助也。别人皆不信时自己仍坚信。唯有这样的人，才能改写自己的命运！

信念犹如照亮人们前行之路的灯塔，是生命焕发光芒的不竭力量。在这个男女平等的社会里，女人们更是希望能够和男人取得平等发展的机会。女人们更多地追求如铿锵玫瑰一般自信和动人。有名人说过："信念是支撑女人最重要的东西，信念一倒，一切都会崩塌。"

信念不是上帝缔造的，也不是神明赋予的，它是在生活中不断追求、不断积累而形成的。每个女人都希望自己花容月貌、倾国倾城，希望自己拥有一个温馨的家庭，希望自己有一份令人羡慕的职业。女人天生就是爱做梦的，她们幻想着自己的生活怎样地美好，怎样没有风浪和坎坷。可是，天不遂人愿，每个人的一生都不可能是一帆风顺的。很多女人在生活中都会遇到这样或那样的困难，又有很多人在困难面前都选择了屈服。只有真正具有智慧的女人，选择无畏地同困难斗争，因为有一个不屈的信念在支持着她们。她们相信，风雨总会过去，人生本该是多彩的！这样的女人"不以物喜，不以己悲"，用一种最真最纯的信念支撑着自己和家人前进的路，最终在人生的试卷上，写出满意的答案。

既然活着，就要活出点名堂，活出点光彩，活出点豪气！女人要活出人格的光辉，唯有信念作支撑。激情创造奇迹，激情来源于信念。信念不倒，别人就打不倒你。没有信念，精神力量就已倒下，如被蝼蚁损坏的巨堤，若有风浪来，自然就坍塌了！哪个男人不希望女人蕙质兰心、通情达理？

哪个男人不希望在自己人生或事业的低潮时得到女人不断地鼓励和支持？女人何来这种能力？只要她们拥有一种永存的信念作为人生的支撑，这种信念就会让她们在自己、在丈夫、在家庭的低谷不倒下、不屈服，在喜悦的高峰仍记得需要前行。

将信念埋于心、置于行

女人的美丽多情，不仅来源于外在超凡脱俗，更要有一个富有爱和理想的灵魂世界。美丽的灵魂吸引着更多的人，于是有了"蕙质兰心"、"秀外慧中"一些华丽的辞藻，来形容对好女人的夸赞。美丽的灵魂又来源于什么？灵魂的美丽源于信念的支撑，只有将信念坚持到底，女人才能焕发异彩！

纪伯伦曾经说过："愿望是半个生命，淡漠是半个死亡。美好的梦想使心灵充实，使生活多姿多彩……"女人更是如此，只有美好的信念才能让生活变得更加斑斓、充实。

生命可以因为一个坚定的信念而改变。没有一个男人喜欢处处依靠自己、"弱柳扶风"般的娇妻，他们更是希望自己的妻子性格刚强、立场坚定、遇事冷静，做自己的"贤内助"。如何做一个成功的女人，如何拥有一个更完美的男人，如何让自己拥有一个幸福的家庭，这是女人需要修炼的。首要的就是如何拥有一种几近于顽强的信念。信念不倒，生命之火不灭。

似乎这个世界上对好女人的要求很严格，但是，拥有信念，并将信念进行到底，用信念指引灵魂的走向，指引生命的走向，这才是一个智慧的女人。

有思想的女人是有自信的女人。她们彰显个性风采，却不过于张扬，她们相信自己的学识和认知能力，坚信自己的理想和抱负，懂得不断地学习和追求新的知识，让自己不断地进步。当困难出现的时候，她们临危不惧，从不怨天尤人或者悲观丧气，不会只用眼泪作为捍卫自己的武器，相信自己能够解决困难，同时也能积极地寻求可靠的解决方式和方法。温婉贤淑的女性却带有自信执着的气质，娇柔的外表下却有一颗坚忍顽强的心。

有思想的女人是客观公正的女人，她们不趋众，永远保持着冷静的头脑和处世态度。她们有知识、有文化，了解社会的动态和知识走向，在纷繁复杂的社会圈子里，她们绝不轻易问人什么是对什么是错。她们拥有自己的一套处世哲学，却别于那些穿梭于钢筋水泥构架城市里的女人，和那些歌舞场中浓妆艳抹的女人更是截然不同。她们注重仪表，但不妖冶；她们注重礼貌，但不过分亲热；她们注重情感，但不任人唯亲。做人处世永远都以事实说话，从不妄断，这样的女人，更是男人得力的助手。

有思想的女人能够包容别人，尊重他人的选择，不会把自己的价值观、人生观和世界观强加到别人的身上。她们能够设身处地为他人着想，站在对方的角度理解他人，并尽可能地帮助他人。即使自己和别人的想法不同，她们也不会企图去改变什么人或事，充分懂得尊重他人的思想和习惯，需要时会聪明地引导。男人对这样的女人评价非常高，如果是妻子，便是一个贤内助；如果是合作伙伴，便是值得信任的朋友。

有思想的女人有完整独立的人格，相信世界上存有美好的爱情，面对错误敢于承认，面对责任勇于担当。在经济上，她不依靠任何人，在精神的世界里，她不是某个男人的附属品。她懂得通过交友、读书、旅游、锻炼、娱乐，充实自己的内心。在情感上，她相信这个世界有亘古不变的永恒，她懂得珍惜情感，经营生活。面对困难与挫折，她不找借口，不逃避，勇敢面对，动手改进，将挫折转化为前行的动力。勇于承担自己的责任，不逃避、不推卸，这样的女人是充满魅力的。

男人欣赏并追逐有思想的女人，有思想的女人也为自己营造了和谐的乐园。一位伟大的哲人早就说过，人是靠思想站立着的。女人更是如此啊！

温柔的女人最有女味

保持低调
好感的建立，并不是你张狂地说话就能获得的。

女人的美丽不仅仅在于令人心动的美貌，更在于女人的内涵。

具有内涵的女人是一个鲜活充盈的女人,她以自己的灵动活力引得男人驻足;具有内涵的女人是一个具有大智慧的女人,她以自己的恬淡博大在人生的旅途中淡然行走;具有内涵的女人是一个至情至性的女人,她以自己的真善美演绎着每一天的精彩生活。

拥有优雅迷人的气质和修养的女人首先是一个具有内涵的女人,她也许外表不漂亮,但却有自己独特的魅力,她是一个内心饱满充盈,有着自己的想法和个人空间,同时也有独到品位的女人。

温柔最具女人味

什么样的女人最有女人味?

满口污言秽语的女人没有女人味,满脸怒容的女人没有女人味,待人接物尖酸刻薄的女人没有女人味,不顾地点和时间大声喧哗的女人没有女人味……

最温柔的女人最具女人味,所以徐志摩这样说:"最是那一低头的温柔,像一朵水莲花不胜凉风的娇羞!"

温柔是一个女人最美、最动人的所在,也是一个女人最重要的生存手段,它可以作为女人对付男人最厉害的武器,总是在有意无意间让男人体会到最地道的女人味。在温柔面前,再强悍的男人也会甘心被这样的女人征服。

温柔的女人惹人疼、惹人爱,温柔的女人能给人一种如沐春风的美感,让人体会到被尊重、被体贴、被依靠的感觉,这种感觉正是男人所愿意拥有的。

《红楼梦》中那个痴恋儿女情长的贾宝玉说过一句话:"女儿是水做的骨肉,我见了女儿便觉得清爽。"在他看来,大观园里的女孩、丫环们,都是没有被世俗污染过的纯净的水,她们温柔清纯、善解人意、温文尔雅、举止优雅，这些都是男儿们所无法匹敌的。

因此，结了婚的女人要学着展示自己的温柔。作为女人需要有坚强的一面，但也不能太强势了，太强势的女人容易让男人望而却步。如果在坚强之上，能再加上那么点温柔就会更完美了。

这就像金庸笔下的任盈盈，她精通琴棋书画、聪明伶俐，有个性，有气质，爱憎分明，有时还会耍点小性子，调节一下气氛，但更重要的是她十分懂得向情人展示自己的温柔。如果她生活在现在的话，也一定是人见人爱。

兰的丈夫是一位私营企业的主管，收入颇丰，然而工作也相对很忙，经常有忙不完的应酬，常常顾不得在家吃饭。他们有一个乖巧的女儿，家庭生活可以说很美满。然而每当夜晚来临，华灯初上的时候，兰看着人们匆忙地下班回家，和家人共进晚餐，说说笑笑，她心里就难免有许多埋怨。之后，她看丈夫的眼神就觉得很陌生，感觉他简直不是这个家的人一样。久而久之，兰就在每次见了丈夫后，忍不住唠叨和埋怨。

可是丈夫不仅不能体会她的苦，反而说她不体谅他的难处。为此，两人产生了无休止的争吵和打闹。这让兰一度非常伤心，她甚至想到了离婚，可是看着懂事的女儿，她又软下心来。

经过长达一年的冷战，兰终于明白过来，她决定改变"战略"，她不想失去这个家，就要学会先改变自我。

接下来，她先改掉了自己唠叨的毛病。当丈夫告诉她晚上不能回家吃饭的时候，她不再像以前那样发火，而是告诉他尽早回家，路上小心开车。结果，她的丈夫很早就回家了，回到家，还为兰带了一大束美丽的鲜花。那晚，他们感受到久违的甜蜜。

值得男人憧憬的女人温文尔雅

温文尔雅

女人的前世都是绅士，她们骨子里都藏着温文尔雅。

女性的温柔是民族遗风、文化修养、性格培养三者共同凝练所致。一个女人，善于在纷繁琐事忙忙碌碌中温柔，善于在轻松自由欢乐幸福中温柔，善于在柳暗花明时温柔，善于在关切和疼爱中融合恋人与妻子两种温柔，善于在负担和创造中温柔，更善于填补温柔、置换温柔，这些是走向气质女人的不可轻视的艺术。

上班，工作，休息，吃饭，一言一行，一颦一笑，一举手一投足……温柔会时时光顾。于人，温柔能折射出一个人的兴趣情调，品质修养。于社会，温柔能折射出一个社会的时代风尚、文明程度。

容貌体肤不说，单就可爱女人的气质情致而论，那千种娇媚、万般风情，谁又能说得尽呢？说不尽吗？其实最主要的就是温柔。

作为女人，你尽可以潇洒、聪慧、干练、足智多谋、文韬、女强人、会办事儿，但有一点不能少，你必须温柔。

温柔，这是作为母亲和妻子的女人不可缺少的一种基本的资质和品性。

"温柔"这两个字很自然地就和关心、同情、体贴、宽容、细语柔声联系着。温柔有一种无形的力量，能把一切愤怒、误解、仇恨、冤屈、报复融化掉。在温柔面前，那些吵闹吼叫、斤斤计较、强词夺理、得理不饶人，显得那么可笑可怜。

温柔是一场无风无雷的小雨，滋润得你干枯的心灵舒展如春天的枝叶。

女人最能打动人的就是这温柔。温柔像一只纤纤细手，知冷知热，知轻知重。只这么一抚摸，受伤的灵魂就愈合了，昏睡的青春就醒来了，痛苦的呻吟就变成甜蜜幸福的鼾声了。

温柔是女人特有的武器，哪个男人不愿意被这样的武器击倒？温柔有一种绵绵的诗意，它缓缓地、轻轻地放射出来，飘到你的身旁，扩展、弥漫，将你围拢、包裹、熏醉，让你感受到一种放松、一种归属、一种美。

美丽的容颜、入时的服饰、精心的"妆"扮，能给人以炫目的美感，但这种外在美毕竟短暂浅显，如天上的云、地上的花，转眼即逝，总有凋零之时。而气质则逐日增辉，即使容颜褪尽，它仍会风韵犹存。这才是一个人的真正魅力。

气质可以通过人的风度、性格、智慧等表现出来。气质从风度美中渗透出来，可以给人一种独特感；气质从性格美中渗透出来，可以给人一种刚柔感；气质从智慧中渗透出来，则给人一种睿智感。

气质是个人素质，又是复杂的混合物。构成气质的，有与生俱来的容貌、体质，更有后天的文化素养、审美情趣、价值观念和心理机制等。

气质如同璞石，可雕可琢，未有尽时，同时还有稳定性，可以伴随人终生。

每一个人都要有两个"家"，一个能遮风挡雨，一个是精神上的。精神家园能让疲惫的心灵得到休息，女性要寻找属于自己的灵性，要在精神上树立独立的自我，通过对自己的"文化美容"，找回真实的自我。有灵性，就是要把握时代脉搏，认清时代特征，融入时代潮流，在寻找人生坐标时不迷茫。真正的女性气质的前提是要有崇高的生活理想。女性的命运不应取决于男性，而应取决于她自己的努力、她的灵性以及她的才能发挥的程度。女性本人越重视自己的天资、才能有与男子的精神及心理交往的能力，她的美和女性气质就越灿烂夺目。灵性的女人懂得如何刚柔并济，有时如一盆火、一块冰，有时似一杯茶、一盏纯酿。她是男人得意忘形时的清醒剂，颓废沮丧时的启动器。灵性的女人时而温柔、时而刚强、时而浪漫、时而平实、时而文静、时而活泼。她是维系家庭的磁石，是工作中的最佳拍档。愚蠢的女人只会一味地征服男人或被男人征服，男人失意时，她是哭泣或咒骂者，男人得意时，她会恃宠娇纵或奴颜婢膝。

气质是文化的沉淀物。气质一旦形成，就从人的"骨子里"冒出来，待人接物、工作学习、友人团聚，无不需要气质的力量。有"灵性"的女人，表现了自如自在的应变能力。有"灵性"的女人，显得乖巧。有"灵性"的女人，在待人接物时，落落大方。"灵性"塑造了女性的气质。

在现实生活中，每个人都在塑造自己，扮演着社会的某个角色。美的性格，能使人们从中发现愉快的、丰富的、生动的生活所蕴涵的一切。由于人的性格是在人与人的交往中表现出来的，所以，一个人的性格如何，对于塑造自己的交际形象十分重要。

在现实生活里，会有各种性格的人，以及人们各种各样的"道德评价"。有的人品格高贵、善解人意，而且很解风情，会给人一种力量和信心的安全感；有的人热情而富于同情心，会给人以温暖、亲切的舒畅心境；有的人自信、机智而沉着，会使处于危急情况下的人感到踏实、镇定；有的人博学而谦虚，会使人忘掉拘束，启迪人的智慧；有的人文雅而高洁，会使人忘掉俗气，心平如镜，等等。同这些具有美好性格的人相处，会使人们感到生活的乐趣、工作的美好、事业的光明。但是，我们也会遇到一些性格方面有毛病的人，比如抑郁、孤僻的人，怯懦、动摇的人，骄傲、放纵的人，褊狭、多疑的人等。同这些人在一起，会使你感到别扭和难受，和他们交往会感到兴味索然。

温柔是女人最动人的特征之一。她可能不是都市的白领，她的学历也可能没有那么高，她的厨艺也许不怎么样，她的细手也许很笨拙，她的长相也许挺一般，总之她绝对不能算得上是一个十全十美的俏佳人，但她却很温柔，说起话来"和声细语"，足以让男人顷刻间为之陶醉。

在男人眼中，女人的这一特点比所有的特点都要可爱。温柔的女人走到哪里，都会受到人们的欢迎，博得众人的目光。她们像绵绵细雨，润物细无声，给人一种温馨柔美的感觉，令人内心赞佩、回味无穷。

如果你希望自己更妩媚、更动人、更有魅力，建议你保持或发掘作为女人所独具的温柔的禀赋，做个温柔女人。

"我很丑，但我很温柔"，是一种美，是一种女人自尊的人格。

"我有才，但我也温柔"，是一种德，是一种女人不可忽视的品德。

古希腊神话里，智慧女神雅典娜的那种高级智慧便是温柔。于是，人类在睿智中温柔，同时折射出一个人的兴趣情调、品质修养。

温柔的女人具有最暖的女人味，不尖刻，内心柔软但又自信充满芳香，而且明亮。温柔的女人是幸福的，没有愁怨，更不会寂寞。是爱让她的心充盈而有力量，里边有温热的泉，双眸含水含笑。她明白自己的力量所在、魅力所在和快乐所在。她优雅的情怀与宽容的气度浑然一体，互相辉映。

温柔的女人不是只懂得牺牲的传统小脚女人。她健康，她享受，她撒娇，样样都不缺。女人的温柔不是没主见的"乖"，而是一种美好性情、一种智慧、一种女人味。男女平等，不是鼓励女人像男人，像野蛮女友，而是回归女人本色。女人的温柔是一种可以让男人品尝后主动驯服的软酒，口感细腻的佳酿。女人的温柔不仅让男人舒服，更让女人羡慕。

优雅女人的人际关系有压力

人际关系

优雅的女人，要突破自己人际关系的束缚。

美国专家研究发现，女性的压力除了来自金钱、子女和婚姻等压力源之外，同事竟然是女性最大的隐性压力来源。

美国佛罗里达州的心理治疗师琳达·多尔表示，很多女人以为职场中最大的压力来自老板，但事实上，来自同事的压力远远大于来自老板的压力。

导致这一现象的原因主要有以下因素。

首先，长时间接触的同事，是最了解你性格中优缺点的人，因此你的内心会对这些同事产生极度的不安全感。

其次，女性比男性具有更明显的攀比心理。攀比就意味着在乎，而在乎就会导致压力出现。

同事间，谁的工作得到领导肯定了，谁更得领导喜欢，这些男性并不在意的事情，却往往是女性关注的重点。最后，由于同事与自己在工作中会形成竞争关系，有竞争的地方也就产生了压力。

职场女性之间相处原则有以下几点。

1. 不要藐视对方，要适度赞美

女人通常视同性为天敌，这不奇怪。正像一则笑话所讲：两对男女迎面走，男人看女人，女人也看女人。

确实，女人喜欢受注目。若想获得一个女人的好感，适度的赞美是必要的，让她知道你是她无需设防的人，你真心把她当朋友，你不会同她争风吃醋，"鹬蚌相争"于己于人均无益处。

2. 不要盛气凌人，要平易随和

有架子的人是人见人烦的。与其做个孤芳自赏的高傲"公主"，不如平心静气地与人谈天说地，做个善解人意的"灰姑娘"。女人格外不喜欢倚仗容貌骄矜自己的同类。相比之下，她们更愿意接受随意、温婉、同自己一样柔和、普通的女子。

3. 不要自说自话，要投其所好

唠叨是女人易犯的通病。婆婆妈妈，爱讲"车轱辘话"的女人无疑讨人厌。而且女人见面话又格外多，反反复复，诉说着自己的喜乐哀愁，也不管别人爱不爱听，径自讲个没完，自己倒是舒心，沉溺于一时的宣泄中，别人的情绪却给搅个乱七八糟。这种人，说白了，就是自私。所以，聪明的女人在与人谈话时，首先是个好听众，其次又能随时注意对方的反应，相机调整谈话内容，而不是一味自顾言语。

4. 不要飞短流长，要守口如瓶

做女人最忌讳的是说长道短。所谓"长舌妇"，是顶让人头疼的。且不说邻里不和、纠纷四起，单是那不值一提的"短长"，就足以使家庭内部分化瓦解。

5. 不要炫耀卖弄，要自立自强

女人嘛，话题多半围绕丈夫、孩子，因此言语间有意无意总要甩带出那么一种自豪来，要么妻以夫荣，要么母以子贵。殊不知，正是这种自觉不自觉的炫耀，表明女人还没有从根本上自强自立。一个真正有智慧、有实力的女性绝不会置身在他人的光环之下，她应该靠自己的魅力赢得一切，包括友谊、爱情等，而无需假借他人来装点自己、标榜自己。

6. 不要自作聪明，要广纳善言

头脑聪明的女人不少，不过有真实的大聪明，也有虚假的小聪明。小聪明可以蒙人一时，却难成大事，大聪明虽貌似迂拙，每能出奇制胜。女人相处，耍小聪明是不必的，因为同为女人的对方会一眼看破；自作聪明也是不足取的，因为一叶障目、不见森林是女人常犯的错误。

7. 不要贪小失大，要目光长远

"捡芝麻丢西瓜"，女人往往这样：自以为占了点小便宜，却不料误了大局。比如，锱铢必较的菜市场上，两个旗鼓相当的女人因一个土豆的归属而抓破面皮；熙攘拥挤的公共汽车，一位母亲因女儿的身高是否达标与售票员吵闹不休，转过头迎对女儿疑惑的眼睛；三五女伴出游，有人慷慨大方，有人小气抠门，有人大度破费，有人一毛不拔等。表面上，这些女人争得了什么，没有损失什么，实际上，她们却丢了太多宝贵的东西。莫说同性的尊重和友谊，恐怕男性亦会对此类女人不屑一顾。

8. 不要势利为人，要始终如一

女人的友谊，相对来说，一般都比较脆弱。这跟女人注重家庭有关。女人一结婚，圈子明显狭小，因而保留住一份友谊较为难得。更何况，女人的生活际遇变迁较快，上下起伏，随机性大。眼界高了，感觉自然优越；水准降了，心理势必失衡。所以，要保持平和的心态。

9. 不要出语刻薄，要宽容待人

"刀子嘴，豆腐心"真真写绝了女人！女人的心地或许是善良的，但那两片不服输的嘴巴却往往坏事，影响了女人的交际成果。"瞧她那副德性，脸抹得跟白脸狼似的"。不用说，此种女人定不会有好人缘。因为一个厉害、苛刻、得理不饶人的人是不会真正让人信服的。

10. 不要浮躁轻飘，要笃定守持

好女人是所学校，认识一个稳重沉静、兼收并蓄的女人等于进入一所好学校。无法设想，一个见面嬉笑拍打、自来熟识的女人会在意和顾忌什么；同样无法设想，一个轻佻风流的女人会拿你的友情为重。端庄的女人是块标牌，她永远不能被小视。相反，飘摆的女人犹如水性杨花，智慧却离她远去，美丽不能长久，甚至连善良也变得忽忽悠悠，缺乏应有的力度。

女人和女人之间，比的不仅仅是美貌和青春，有的时候，经验和智慧同样重要，但有宽容心的女人才真正能得到尊重和信赖。所以，相互宽容与尊重是女人之间相处的根本之道，而其余的皆是交往中的细枝末节的问题，小心行事，自然便能克服。